Osprey Combat Aircraft

Junkers Ju87 Stukageschwader of North Africa and the Mediterranean

John Weal

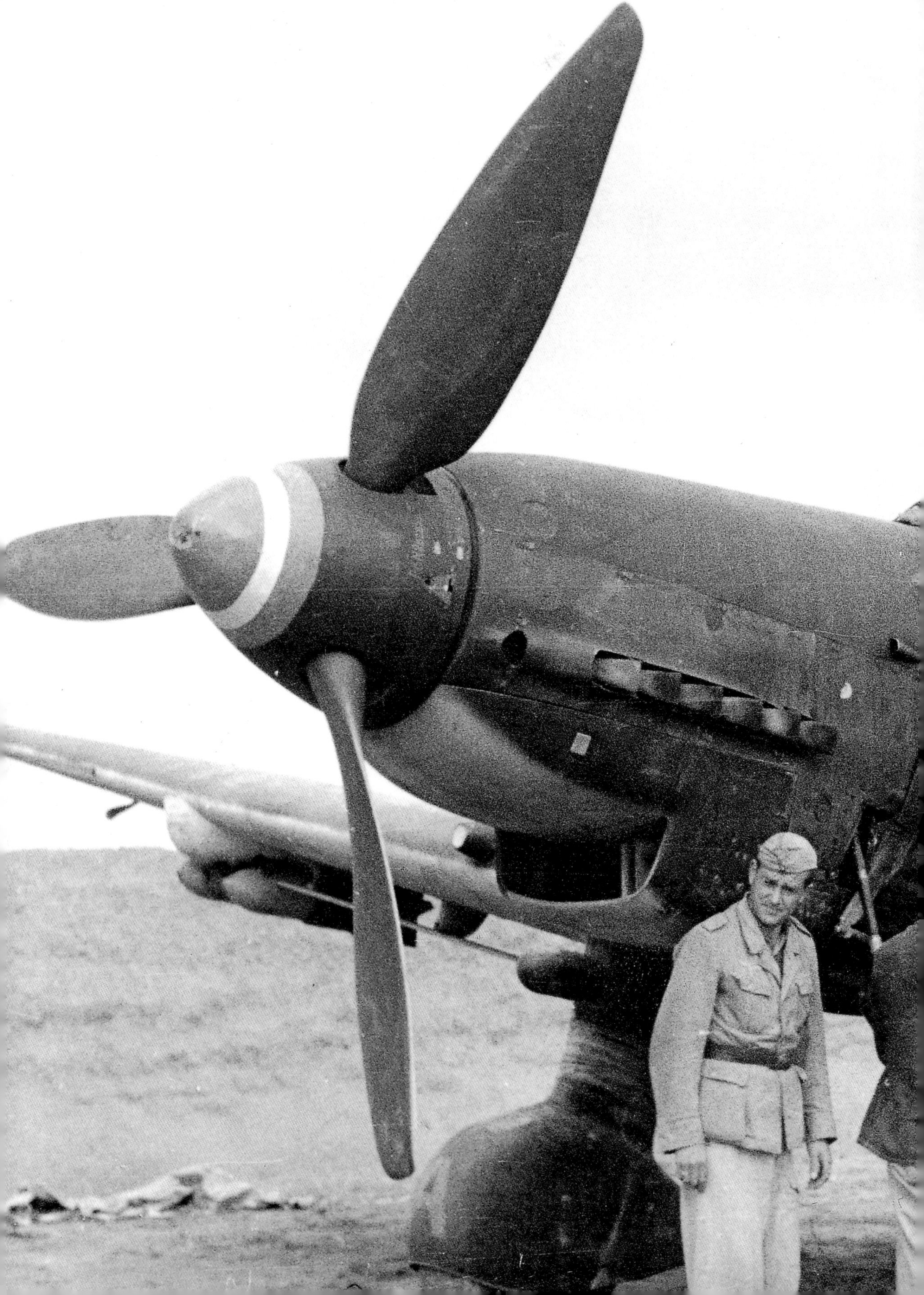

Osprey Combat Aircraft

オスプレイ軍用機シリーズ
31

北アフリカと地中海戦線の Ju87 シュトゥーカ

部隊と戦歴

[著者]
ジョン・ウィール
[訳者]
手島 尚

大日本絵画

カバー・イラスト/イアン・ワイリー
カラー塗装図/ジョン・ウィール
フィギュア・イラスト/マイク・チャペル

カバー・イラスト解説
6./StG2のJu87R tropが、ドイツ軍に包囲された港町、トブルクの目標に向かって急降下して行く。この部隊の基地、トゥミミはこの町の東方280kmにあり、1941～1942年にかけてのリビア東部海岸沿いの英軍側目標に対するシャトル爆撃には、この飛行場が使用された。この派手な塗装のシュトゥーカはフーベルト・ペルツ少尉が常用していた機である。その後、ペルツは東部戦線でも活躍し、騎士十字章と柏葉飾りを授与され、大尉に進級し、I./SG151飛行隊長として終戦を迎えた。

凡例
■ドイツ空軍(Luftwaffe)の部隊組織についての訳語は以下の通りである。
Luftflotte→航空艦隊
Fliegerkorps→航空軍団
Geschwader→航空団
Gruppe→飛行隊
Staffel→中隊
ドイツ空軍は航空団に機種または任務別の呼称をつけており、その邦訳語は以下の通りとした。必要に応じて略記を用いた。このほかの航空団、飛行隊についても適宜、日本語呼称を与え、必要に応じて略記を用いた。また、ドイツ空軍では飛行隊番号にはローマ数字、中隊番号にはアラビア数字を用いており、本書もこれにならっている。
Stukageschwader (StGと略称)→急降下爆撃航空団
Schlachtgeschwader (SGと略称)→地上攻撃航空団
Jagdgeschwader (JGと略称)→戦闘航空団
Luftlandegeschwader (LLGと略称)→空地作戦航空団
ドイツ空軍のシュトゥーカ兵力については以下の呼称を訳語として与えた。
シュトゥーカ隊＝シュトゥーカ兵力の全体。原書ではStukawaffe、Stukaflieger。
シュトゥーカ部隊＝さまざまな単位の部隊。複数の部隊、部隊数がはっきりしない場合。
シュトゥーカ飛行隊＝部隊の単位が飛行隊[Gruppe：グルッペ]に特定されて隊の数がはっきりしている場合。
なお、このほか臨時編成されたいわゆる規格外の隊などについては、本文内で記述する。

■イタリア空軍の組織の邦語訳は以下の通りとした。
イタリア王国空軍(Regia Aeronautica)
Squadra Aerea→航空艦隊、Gruppo→飛行隊、Squadriglia→中隊

翻訳にあたっては「Osprey Combat Aircraft　Junkers Ju 87 Stukageschwader of North Africa and the Mediterranean」の1998年に刊行された版を底本としました。[編集部]

目次 contents

6 1章 英国海峡からシチリア海峡へ
from the english channel to the sicilian narrows

15 2章 「ピッキアテリ」
'picchiatelli'

24 3章 「マリタ」作戦と「メルクール」作戦
operations marita and merkur

43 4章 北アフリカ戦線
campaigns in north africa

85 5章 南ヨーロッパでの作戦行動
operations in southern europe

93 付録
appendices
93 Ju87の部隊配備一覧
94 地中海戦域シュトゥーカパイロットの騎士十字章受勲者

69 カラー塗装図
colour plates
95 カラー塗装図 解説

79 乗員の軍装
figure plates
99 乗員の軍装 解説

chapter 1
英国海峡からシチリア海峡へ
from the english channel to the sicilian narrows

　第二次世界大戦の最初の1年間、ユンカースJu87急降下爆撃機は強烈な威力を発揮し、恐怖のイメージを欧州全体に振り撒いた。地上の機甲部隊と並んで電撃戦戦術の中核そのものとなり、ポーランド、ベルギー、オランダ、そしてフランスを突破するドイツ国防軍の急進撃の先頭に立った。独特な逆ガル型の翼をもつJu87は、誰でもはっきり見分けることができた。その機影が見え、やがて翼を翻して垂直に近い急降下に入り、魔女の泣き叫び声のような爆音を響かせて頭上に迫ってくると、よほど精強な部隊でない限り、誰もが戦意を喪失した。1940年の夏の初め、ベルギーとフランスでは道路の幅一杯に溢れた避難民の長い列の中で、誰かが「シュトゥーカ」という言葉を口にすると、見る間にパニックが列全体に拡がった。

　その年の8月、ゲーリング国家元帥は欧州西部に集結したJu87装備の10個飛行隊(グルッペ)に、英国海峡を越えてイングランド南部の目標を攻撃するように命じた。その作戦が始まって間もなく、それまで誰も抑えることができないかのように激しい戦闘を続けていたシュトゥーカ隊が、出撃を停止したのである。それは自動車が煉瓦の壁に衝突した時と同様に突然の、そして決定的な停止だった。ドイツ空軍の作戦計画担当幕僚は厳しい現実を目の前に突きつけられた。敵地の上空で、戦意が高く態勢が整った戦闘機隊の迎撃を受けた時、Ju87はまったく脆弱だったのである。欧州北西部の上空では、シュトゥーカの何波もの編隊が昼間に思いのままに行動することは、もはやまったく不可能になっていた(詳細については本シリーズ第22巻『ユンカースJu87シュトゥーカ1937-1941』を参照)。

　しかし、これとは異なった状況の戦域があった。そこでは敵の戦闘機隊の兵力が広く薄く拡がっているだけではなく、英国本土航空戦(バトル・オブ・ブリテン)で決定的な効果をあげたふたつの機構——精巧な早期警戒レーダーのネットワークと、同じくレーダー情報をベースにした地上管制指揮のシステム——がまったく存在していなかった。このため、夏の盛りの惨敗以来、パ・ド・カレー地区に開店休業のような状態のまま置きっ放しにされていたシュトゥーカの半ば独立的な部隊、2個飛行隊(グルッペ)が年末近くにシチリア島に移動した。ヒットラーは地中海方面で戦っている盟友ムッソリーニを支援するために、艦船攻撃専門の第Ｘ航空軍団をノルウェーからシチリア島に移動させることを1940年12月10日に裁可しており、その部隊にこのシュトゥーカ隊が追加されたのである。

　パウル－ヴェルナー・ホッツェル大尉のI./StG1とヴァルター・エネッツェルス少佐のII./StG2は、両飛行隊の直接指揮に当たるStG3航空団本部に率いられて、2週間のうちにイタリア半島を南下移動した。12月26日までには、両隊の大部分は各々イタリア中部北寄りのレッジョ・エミーリアとフォルリに到着した(いずれも、落伍機は修理のために途中の飛行場に残し、編隊の後方には

シュトゥーカ、南へ飛ぶ。I./StG1とII./StG2がシチリア島に移動した時には、アルプス上空の視界がひどい状態で苦しめられたが、その1年後に飛んでいるこのシュトゥーカのパイロットは、アルプスの壮大な景色を十分に楽しんでいる。この機はイタリア海軍と共同した空母着艦フックのテストを行うためにイタリアに派遣された。尾輪のすぐ前にフックが見える。

地上要員と重要な装備・資材を搭載したJu52の長い隊列が続いていた)。

1941年1月2日、StG3本部のJu87の最初の1機が、急降下爆撃機の部隊に基地として割り当てられたトラーパニ飛行場——シチリア島北西部沿岸——に着陸した。それから数日のうちに2個飛行隊、全部で約80機のシュトゥーカがここに到着した。

ヒットラーの元々の意図は、第X航空軍団を「期間を短く限定して」地中海に派遣し、シチリア島沖と北アフリカの間を航行する英国の艦船を攻撃することだった。ピンポイントの精密な爆撃精度に実績のあるシュトゥーカの2個飛行隊は、特定の目的をもって第X航空軍団に附属配備されたのである。StG3司令、カール・クリスト中佐に与えられ、彼が指揮下の2個飛行隊に伝達した命令は、明快にひとつのポイントを指示していた——「空母イラストリアスを撃沈せよ」である。

排水量2万3000トンのこの艦は英国海軍最新の空母(1940年5月竣工)であり、4カ月前に地中海艦隊に配備されていた。11月11日には、イラストリアスから発進した艦載機がイタリア海軍のタラント軍港を夜間に攻撃し、停泊していた戦艦3隻を撃沈するという大戦果をあげた。この航空攻撃は実質的に「地中海を英国艦隊が自由に行動できる水域にする」結果をもたらし、同時にイラストリアスはたちまち、枢軸軍の攻撃目標リストのトップに据えられた。イタリア空軍はこの空母を狙ったが、損傷を与えることができなかった。そこで、ドイツ空軍のシュトゥーカが登場する順番になったのである。

イラストリアスを撃沈するためには直撃弾4発が必要だと推測された。それまで、これだけのサイズの軍艦が激しい航空攻撃に曝されたことはなかったが、シュトゥーカの乗員たちは自信をもっていた。この艦の飛行甲板の面積は600平方メートル以上もあり、これに投弾を命中させることは当然可能だと乗員たちは考えた。この攻撃の戦術を完全にするために、トラーパニ基地から遠くない地点の沖合に、空母の平面形の実物大模型を繋留して、爆撃訓練を始めた。しかし、訓練のための時間の余裕はわずかだった。

1941年1月6日、英国海軍は「エクセス」作戦を開始した。連続する複雑なスケジュールでいくつもの船団を東西両方向に運航し、地中海の両端の間、全体にわたって強力な海軍部隊の護衛をつける作戦である。エジプトのアレクサンドリアを出港した主力部隊には2隻の戦艦、ウォースパイトとヴァリアント、それにイラストリアスが並んでいた。その4日後、この艦隊はシチリア島に配備されたシュトゥーカの行動圏内に入った。1月10日の正午をわずかに過ぎた頃、艦上のレーダーが敵機の大編隊を捉えた。編隊は北方からまっすぐに艦隊を目指していた。この編隊はJu87 43機——先頭に立つエネッツェルス少佐のII./StG2と、それに続くホッツェル大尉のI./StG1——だった。

注意深く計算されたタイミングでイタリア空軍のSM.79三発雷撃機がヴァリアントに低空攻撃をかけ、戦闘航空哨戒(CAP)に当たっていたイラストリアスのフルマー複座戦闘機を、そちらに引き寄せた。つぎに10機のシュトゥーカが

「ドイツの爆撃機が恐ろしい銃砲弾のカーテンを突破し、フルマーに追われながら急降下してくる姿を、私は今でもはっきりと思い出す。爆撃機は投弾した後、海面すれすれの高度で港の出入口を目指して飛んだ。低い高度を飛ぶ彼らは防波堤に近づくと、機首を上げて飛び越えなければならなかった。防波堤の高さは4mメートル余りだったのだが」

別のひとりも語っている。彼はイラストリアスが繋留されていたフレンチ・クリークの岸壁のそばの対空砲陣地にいた。

「あたりのいくつものクリーク全体にわたる投弾は砂塵と、飛び交う瓦礫と金属片の怖ろしい雲を巻き起こした。私の砲座のチームのひとりは自動車が1台、頭上を飛んで行ったのを見た。そのような砂塵や雲の中で我々は時々、何も見えなくなったが、急降下爆撃機はそれを通り抜けて次々に襲ってきた。奴らはまるで獲物を追い求めている鷹のように見えた」

1月18日、シュトゥーカは戦術を変え、ハル・ファーとルカの飛行場を目標として51機が出撃した。先ずマルタ島防空任務の英軍の戦闘機隊を無力化し、その後にイラストリアスを撃沈する方針を取ったのである。24時間後にJu87は再びグランド・ハーバー上空に現れた。大型爆弾2発が空母の舷側の至近に落下し、船体を岸壁に激しく叩きつけ、水線下に破口を開けた。しかし、この新たな損傷にもかかわらず、工廠の技術者と工員たちは修理に全力を傾け、ついに勝利を収めた。1月23日の夕刻、惨めな姿のイラストリアスは泊地を離れ、ひそかに港外に滑り出た。1月25日にはアレクサンドリアに入港し、すぐに米国に回航された。この空母は、その後1年近くにわたって広範囲な修理と改修を受けた。

I./StG1とII./StG2はイラストリアスを撃沈する任務を果たせなかったが、損害は最低限に留まった——1月10日の最初の海上攻撃の際の行方不明3機と、その後のマルタ島上空での戦闘による3機喪失である。この戦いにより、英国海軍のお偉方は航空兵力対海上兵力の戦いについて貴重な教訓を得た。その後の2年にわたり、英国海軍が巡洋艦以上の大型艦をシチリア海峡通過の作戦に当てるリスクを冒すことは、きわめて稀だった。

地中海中部から主力艦が姿を消したといっても、この地域でのシュトゥーカの作戦行動が終わったわけではなかった。イタリア海軍と英国海軍はいずれも戦艦部隊を危険な水域から撤退させたようだった（双方とも、最近のタラントとマルタ島沖での各々の経験を十分に理解しようと努めている最中であり、敵側の航空部隊の作戦能力を正当に重視する健全な考えをもつようになっていた）。しかし、イタリアと北アフリカの枢軸国軍の間を結ぶ海上輸送路を妨害する位置にあるマルタ島は、いまだにそのための戦力を十分に維持していた。そこで、この島を完全に制圧するために、改めて全力をあげた爆撃作戦が開始された。

在シチリア島のシュトゥーカの2個飛行隊は、この再開された攻勢作戦に参加したが、それは短い期間だけだった。イラストリアスがマルタ島を脱出してから1週間余り後、ホッツェル大尉のI./StG1はリビアで戦っている枢軸国軍（1941年2月14日にロンメル中将が2個師団を率いてトリポリに到着するまでは、イタリア軍のみだった）に当たるために、地中海を越えて移動するよう命じられた。エネッツェル少佐のII./StG2も2週間後にその後を追って移動した。

これらの2個飛行隊が移動した跡を埋めるために、トラーパニ基地に移動することになったのは、StG1の残りの2個飛行隊である。いずれもフランス北

部で不遇をかこっていた。移動は直前になって突然通達された。Ⅲ./StG1のサン・ポル基地での出発準備は興奮の渦の中で進められたが、その騒ぎをいっそう面倒なものにしたのは英国陸軍から「解放された」車両だった。これらの自動車の一部は飛行隊本部用車両と移動整備工作室として使用されており、隊員たちは部隊の後を追う鉄道輸送の荷物としてシチリア島までもって行こうと決めた。ところが、これらの車両は、車輪を外して平台貨車に積んでも、12cmの高さの差でアルプスのトンネルを通過することができなかった。

2月19日の朝、飛行隊長ヘルムート・マールケ大尉はJu87 30機を率いて南方への移動の最初の区間（メッツ経由、ミュンヘンまで）に出発し、その間、工作担当地上要員は各々の車両の屋根を外し、上部をアセチレン・トーチ切断によって15cm低くする作業に忙殺されていた。その上で彼らは、改めて車両の屋根を元通りに溶接で取りつけたのである！

第Ⅲ飛行隊の移動の飛行では、やはり悲劇的な損失が発生した。輸送任務に当たっていたJu52 2機が、ミュンヘン離陸後に悪化した天候の中で山地に激突し、3機目は危うく最悪の事態を逃れることができた。ブレナー峠の高圧線に接触したが、何とか不時着したのである（幸いなことに、インスブルックの発電所の技術者が素早い判断を下し、厚い雲の中に飛び込んで行く輸送機を見て、高圧線の送電を停止したためである）。シュトゥーカの方の運命もさまざまだった。ひとりのパイロットは乗機がエンジン停止に陥り、イタリア南部での不時着の際に死亡した。別のパイロットは同様にエンジン停止に陥ったが、山間の小さな平地に巧みに着陸して無事だった——その機体を分解して山地から搬出する作業で、整備員に大変な苦労をかけることになったのだが。

第Ⅲ飛行隊は移動の最後の区間まで視程の低さに苦しめられ、2月23日の夕刻、手探り同然の飛び方でやっとトラーパニに着陸した。その翌朝は輝くような地中海の青空が拡がり、乗員たちは初めて見たエリチェ山の姿に驚いた。飛行場の北西5kmほどの所、平野の中に750mの山が塔のように屹然とそびえ立っていた。前日の夕刻の着陸で事故が起きなかったのはきわめてラッキーだったと、乗員たちは胸を撫で下ろした。

アントーン・カイル大尉のⅡ./StG1も到着し、彼らが突然フランスから移動する命令を受けた理由が明らかになった。マルタ島攻略のために独伊協同の空挺作戦を実施する計画が進められていたのである。その際にシュトゥーカの部隊は、英国海軍地中海艦隊が介入してくるのを押さえる任務に当たることになっていた。しかし実際には、この作戦は棚上げされ（1942年に「ヘルクレス」作戦というコード名で、再びこの作戦が提起されたが、その後、最終的に放棄された）、英国艦隊はジブラルタルに納まったまま動かず、シュトゥーカの2個飛行隊は彼らのピンポイントの精密照準の能力を活かして、マルタ島爆撃を続けるように改めて命じられた。

1941年2月26日、Ⅲ./StG1はマルタ島爆撃に初めて出撃した。マールケ大

マルタ島に対する次の爆撃作戦の計画を立てているⅠ./StG1飛行隊長パウル-ヴェルナー・ホッツェル少佐と、新たに到着したⅢ./StG1の飛行隊長、ヘルムート・マールケ大尉。場所はトラーパニ飛行場内、第Ⅲ飛行隊の豪華な内装（やや天井が低いのが難点だが）の司令官用車両の中。英国陸軍からの分捕り品であるこの車両については、本文を参照されたい。

尉はこの日の戦闘を鮮明に記憶している。それには十分な理由がある。部隊は島の南東部の前進基地、コミソを離陸し、7./JG26のBf109E-7の護衛の下に海上を飛び、マルタ島に向かった。シュトゥーカのパイロットは全員、彼らの攻撃目標であるルカ飛行場の偵察写真を見せられ、英国機が1機ずつ納まっている防護駐機場ひとつずつが、彼ら各々の特定の目標として割り当てられた。

　首都ヴァレッタの周囲の対空砲陣地を迂回し、首都の南西4kmほどのルカ飛行場に接近した。ここで第III飛行隊は編隊を組み変え、縦一列の攻撃態勢に入った。この隊形では各々のパイロットが70〜80度の急降下に入る前に、飛行場の中で自分が狙う目標をはっきり識別することができた。

　マールケ自身の目標は飛行場の東の縁のあたりの位置だった。彼はマニュアル通りに高度450mで投弾し、機首上げに移った。「小口径から中口径程度の対空砲火がさまざまな方向から一斉に撃ち上げられた」にもかかわらず、彼は滑走路の向こう側、遠くの目標に翼の機銃の射線を向けようと試みた。彼は高度200mほど、まだ機首がやや下がっている状態で滑走路の中心線の上に近づいた。マールケの災厄はそこで始まった。

　「強烈な震動、耳が聞こえなくなるような轟音とともに、私の機の右の翼の外皮が大きく切り裂かれた。私の『イオランテ』はすぐに右に深く傾いた（ベテランのシュトゥーカのパイロットの多くと同様に、マールケはJu87を『イオランテ』と呼んでいる。これはJu87がコンドル部隊に送られて、スペインの内戦で初めて実戦に登場した頃の愛称である）。私は反射的に操縦桿を胃袋に叩きつけるように引き、カー杯左に倒した。それでも、まだ不十分だった。右の翼の半ばには直撃弾による大きな破口がぽっかり開いていた。気流の抵抗が激しく、左のフラップと補助翼を下げても、機の姿勢を維持することができなかった。もっとヤバいことには、機は横滑りして大きな格納庫の正面に向かっていた！

　「私はやけになってトリムをテイルヘビーに操作し、エンジンを一杯に噴かせた。高度は地面から4、5mしかなく、機はまだ格納庫の方に向かっていた。格納庫のドアは大きく開いていて、接近すると内部が詳細に見えた。そこには、一瞬前まで整備員が修理作業を進めていたはずの3機が並んでいた。『このまま行けば、この3機も俺と一緒にお陀仏だな』と私は思った。私はそれ以上何もすることができず、操縦桿を左に傾けて引いたままで座っていた。

　「ゆっくりと『イオランテ』は反応し始めた。機首が水平線より上を向き、彼女自身が最後のひと踏ん張りでジャンプしたかのように、我々は格納庫の屋根をすれすれで越えた。しかし、困難はまだ続いていた。我々の前には丘があり、その上には無線アンテナ柱の列が並んでいたのである。それほど大きな丘ではなかったが、その時の我々の状態では、エヴェレストのように見えた。まだ幸運は続くのだろうか？　私の機は、脚にかなり長いアンテナのワイヤーが絡みついたが、2本の柱の間を通り抜けた。その先には海岸と、そして海があった！」

　しかし、その先には別の危険があった。正確にいうと後方から危険が迫ってきたのである。

　「突然、私のイヤフォンに後部銃手、フリッツ・バウディッシュの声が入ってきた。『ハリケーンが後方から接近。射撃位置に入る！』。私は機を飛ばし続けるのに精一杯なので、できるだけ落ち着いた声で、『了解。奴を射ち落としてしまえ、フリッチェン』と応答するだけだった。撃墜するなんてまったく無理な

相談だった。機銃8挺装備の相手とこちらは1挺だけで戦うのだから。その上、ちょうどこの時を選んだかのように、フリッツの機銃が短い連射1回の後に故障してしまった。

「私は座席に縮み込んで、両方の翼に小さな穴がいくつも繋がって行くのを眺め、『これで一巻の終わりだな』とつぶやいた。ハリケーンは最初の一航過の攻撃の後、前方に飛び抜け、二度目の攻撃に移るために大きな旋回に入った。フリッツの機銃の故障はまだ直っていないようだった。そこで突然、フリッツがいつもの彼らしくなく、後席で興奮した大声をあげ始めた。それは彼の目の前の出来事の実況説明だった。『Me109だ!!……後方、まだ距離は遠い……ハリケーンの後方に廻り込もうとしている……まだ距離は数キロ離れている……すごい速度で降下してくる!……109はハリケーンの後方についた……ほとんど射程距離内だ……まだ距離は遠い……109が撃ち始めた……射程限度一杯で激しく連射している……命中した!!……それでも撃ち続けている。ハリケーンは完全に仕止められた!……火を噴いたぞ!……奴は落ちて行く!!』

ハリケーンはシュトゥーカのすぐ後方の海面に突入した。戦後の研究によれば、この機に乗っていたのは第261飛行隊のF・F・「エリック」・テイラー中尉（殊勲飛行十字章受勲者）――7機撃墜を記録し、この時のマルタ島の最高のエース――である可能性が高く、撃墜した側は7./JG26（この日のシュトゥーカの護衛）の中隊長、ヨアヒム・ミュンヘベルク――彼も高位のエースだった（詳細については本シリーズ第5巻『メッサーシュミットのエース 北アフリカと地中海の戦い』を参照）――であろうと見られている。マールケの後方に迫ったハリケーンを撃墜したのがミュンヘベルグであるか否かとは関係なく、この惨々な被害を受けたシュトゥーカを何とか着陸させるのはマールケの本人の腕前にかかっていた。

「シチリア島が段々はっきり見えてきた。コミソ飛行場も見えてきた。私はそこまで飛ぶ間に、この機をどこまでコントロールできるかを確めてみて、わずかでも速度を下げれば、機は途端に激しい右横転に入ると判断した。着陸もスロットルを一杯にふかしたままでやらなければならないはずだった。風はわずかに吹いているだけだった。幸いなことに、コミソの飛行場の滑走路は長かったので、運がよければうまく着陸できると思った。このように異常な状態の着陸では、接地後にとんぼ返りを打って機体が裏返しになってしまう可能性がある。それに備えて、私はいつもの一連の指示を素早く次々にフリッチェンに与えた――『キャノピーの天井を開け!――縛帯をしっかり締めろ!――ゴーグルを外せ!――膝を腹の前に抱え込め!――前腕で顔を覆え!――お祈りを始めろ!!』。

「飛行場の外縁の上まできた時、私はスロットルを閉じイグニションのスイッチを切った。機は高速で接地した。予想通り大きなショックとともに右の車輪だけが接地した。幸い脚も車輪も持ちこたえてくれた。やがて

III./StG1飛行隊長ヘルムート・マールケ大尉。1941年2月26日のマルタ島爆撃は第III飛行隊の地中海戦域での栄光ある初出撃であり、大尉自身にとって長く記憶に残る激戦だった。

2月26日の出撃でマールケが乗っていたJu87B「J9+AH」の右の主翼。高射機関砲の直撃によって強烈な損傷を受けた。マールケが帰還してきた乗機のひどい状態を見て、「AH」の本来の「所有者」、ハルトムート・シャイラーが口走ったコメントは記録に残っていないようだが、その方が良いような内容だったといわれている。

1941年の末、マルタ島爆撃からトラーパニ飛行場に帰還するI./StG3のJu87R。この飛行隊もトラーパニ飛行場に長期滞在する部隊のひとつとなった。

左の車輪も接地し、バウンドを繰り返しながら滑走した。滑走路の三分の二のあたりから速度が下がり初め、私はブレーキをかけ始めた——最初は軽く、それから段々に強めて行った。そして、滑走路の先端まで20mほどの所で最終的に停止した。これだけの大きな損傷を受けていたが、燃料タンクとタイヤは無傷だった。我々は無事に帰ってきた！」

点検してみるとマールケの乗機は、対空砲弾の命中のほかに、確認されただけでも184発の機銃弾の孔が開いていた。しかし、彼ほどの幸運に恵まれなかった者もあった。第7飛行隊のひと組の乗員はマルタの北5kmほどの小さい島、ゴゾの沖に墜落し、大戦の末まで捕虜生活を送った。カイル大尉のII./StG1はこの作戦で行方不明3機（マルタ島上空の作戦としては、1月19日のグランド・ハーバーでのイラストリアス攻撃以来、最大の損害）を報告し、このほかにふたつの飛行隊は損傷機と負傷者があった。

II./StG1とIII./StG1はその後の数週間、このパターンの戦いでマルタ島に圧力をかけ続けた。両隊の指揮はStG3本部からStG1の本部に引き継がれた。この間の作戦での損害は比較的低かったが、コンスタントに続いた。3月5日のハル・ファー飛行場攻撃では、シュトゥーカ隊は別の種類の危険に曝された。この日はほかの部隊との協同作戦であり、Ju87の攻撃の10分後にJu88が高い高度で進入し、水平爆撃を実施するように計画されていた。ところがタイミングが狂って、双方の編隊が同じ時刻に目標上空に到着した。幸いなことにシュトゥーカの乗員は急降下爆撃に意識を集中していて、彼らの頭上に爆弾のカーペットが降ってくることに気づかなかった。結果としてこの投弾による損害はなく（少なくともシュトゥーカ隊には）、この日の損失、2機のJu87はそ

上段の写真とは別のI./StG3のJu87R。この機は急降下爆撃に移ろうとしているのではなく、マルタ爆撃から無事に帰還して、やや急角度のアプローチに入ったところである。これはトラーパニ飛行場の周囲の山を避けるためと思われる。

の後の敵機との交戦によるものだった。

　4月9日、7./StG1と8./StG1の長距離型Ju87Rは北アフリカへ移動した。これは第Ⅱ飛行隊の機がシチリア島で「熱帯型化改造」を受ける間の臨時の措置だった。この改造が完了すると第Ⅱ飛行隊はリビアにもどり、第7、第8両中隊（第Ⅲ飛行隊）は5月の初めにトラーパニに復帰した。両中隊が不在の間、9./StG1の「ベルタ」は昼間と夜間の散発的な出撃でマルタ島への攻撃を続けた。

　この時期にはマルタ島航空攻撃の最初のフェーズは終末に近づいていた。しかし、そこで、この戦域でJu87が参加する作戦行動の最後の山場があった。マルタ島への補給とエジプトの英国陸軍部隊への戦車輸送を目的とした護送船団が、地中海に現れたためである。ドイツ空軍とイタリア空軍は5月6日から12日までこの船団を追い、StG1の3個飛行隊も攻撃に参加した。

　5月8日、I./StG1（至急、サルディニアに移動してきた）の28機がマルタ島の西方で、戦車を搭載した商船5隻編成の「タイガー」船団を攻撃したが、戦果はなかった。その24時間後、第Ⅱ、第Ⅲ両飛行隊は孤立したマルタ島自体を再び攻撃した。この作戦で9./StG1中隊長、ウルリッヒ・ハインツェ中尉が戦死した。グランド・ハーバーの外、5kmほどの海上で、浮上している潜水艦を攻撃している時に、ハリケーンの編隊に襲われたといわれている。

　しかし、「タイガー」船団の通過（1隻はシチリア海峡の入口で触雷して沈没したが、残りの4隻は戦艦クイーン・エリザベスを含む英国海軍部隊の護衛を受け、危険な水域を通り抜けた）の後、2週間足らずのうちにStG1の最後のシュトゥーカがトラーパニを去って行った。地中海の航空戦の焦点はもっと東の方へ移っていった。

chapter 2

「ピッキアテリ」
'picchiatelli'

　「シュトゥーカ」という呼び名は電撃戦と同義語のように見られ、すぐにドイツ空軍が激しく戦っている情景を連想させるが、地中海戦域で最初にJu87を使用したのはドイツ空軍ではない。

　1930年代の後期にイタリアは自国で急降下爆撃機を開発した。双発・単座のサヴォイア・マルケッティSM.85である。この型はムッソリーニ統領の要求により、英国艦隊を地中海──統領は好んで「我々の海」と呼んでいた──から駆逐することができる航空機として設計された。1940年6月10日、イタリアが第二次大戦に参戦した時、SM.85を装備した部隊は1個飛行隊のみだった。エルコラノ・エルコラニ大尉が指揮する第96飛行隊であり、シチリア島とリビア（当時はイタリアの植民地）の海岸のほぼ中間の島、パンテレリアに配備されていた。「空飛ぶバナナ」──機首と尾部が反り返っているように見える独

シチリア島。コミソ飛行場に到着したイタリア空軍のピッキアテリの最初のグループの1機。左の翼の後方でカメラを構えている飛行機ファンは、絶好の被写体を見て心が躍っていることだろう。画面の右隅にフィアットG.50戦闘機が写っている。

特の側面形から、このニックネームが生まれた——は実用的にまったくの失敗作だった。

開戦以来1ヵ月近く、SM.85の飛行隊は活動なしで過した後、やっと栄光を担う機会が訪れた。マルタ島沖に英国艦隊が現れたとの通報があり、3機が索敵のために数時間飛んだが、敵を発見できなかった。「空飛ぶバナナ」がムッソリーニの夢——「彼の海」から敵を駆逐するという夢——の実現に貢献するために飛んだのは、これが最初で最後だった。それまでにパンテレリアの自然条件——日中の強烈な陽光と高温と、夜間の高い湿度——によるダメージは酷かった。野外に駐機されているSM.85の木製の構造材や外板は、ひどく歪んでしまったのである。それでもイタリア空軍に急降下爆撃機が必要だというムッソリーニの考えは変らず、彼は枢軸陣営のパートナーに援助を求めた——援助の要請はその後にいくつも続くのだが。

イタリア空軍参謀総長、プリコロ将軍を団長とする特別使節団がドイツに送られた。2個飛行隊の装備に当てるだけの機数のJu87購入の交渉に当たるためである。そして、1940年7月のうちにイタリア空軍のパイロットの最初のグループ、15名が、オーストリアのグラーツ-タレルホフにあるドイツ空軍の第2シュトゥーカ学校に到着し、訓練を始めた。そして、翌月にも同数のパイロットが送り込まれた。

Ju87の部隊を早急に実戦化することをムッソリーニが望んだので、初期のグループの機種転換訓練は短期間の詰め込みで実施された。ドイツ空軍の教官たちはイタリアのパイロットたちの熱意と意気込みに強く印象づけられ、限られた期間の中でできる限り多くを教え込もうと努めた。イタリアのパイロットたち（戦闘機パイロットの中の粒選り）の側はシュトゥーカの高い性能と操縦性のよさを高く評価した。その直前のSM.85のひどい経験があるので、Ju87の好印象は一層強かった。

イタリア空軍のJu87の最初のグループは工場から直接に受領した新品

第96飛行隊の初期のピッキアテロ。唯一の個機識別のポイントは尾翼の白い十字の前方に小さく書かれた「549」という数字だけであり、これはドイツ空軍機だった時のなごりである。胴体の光沢のある部分と主翼の明るい色のパッチの部分は、ドイツ空軍のマークを塗り消した跡である。

第96飛行隊の爆撃を受けたハル・ファー飛行場――イタリア人はミカッバと呼んでいた。煙とマルタ島独特の土砂塵の雲が上空に広がっている。

ではなく、ドイツ空軍が使用していた機のマーキングをイタリア空軍用に描き変えて引き渡された。シュトゥーカが受けた「非ドイツ化」はマーキングだけではなかった。イタリア人の乗員たちはすぐに、自分たちが乗る新型機に新しい呼び名をつけた。イタリア語の「ピッキアタ」という単語は「強く打つこと」を意味するが、航空技術用語としては「急降下」の意味に使われる。辞書の中でその次に並ぶ単語は「ピッキアテロ」で、その意味のひとつは「頭が少し変な人」である。このふたつの単語を重ね合わせてみると、機種を下に向け、垂直に近い角度で地面に向かって降下して行く飛行機と、それに乗って嬉しがっている頭の変な男たちの両方がうまく捉えられているように思われ、シュトゥーカの新しい名前が生まれた。新たに描かれたイタリアの国籍マークを輝かせたJu87は、ここで「ピッキアテロ」(複数の場合はピッキアテリ)と呼ばれるようになったのである。

「シュトゥーカ」という言葉につきまとう怖ろし気な感じから、漫画の主人公のような感じの呼び名に変わったが、イタリア人の手で運用されるJu87が強力な兵器であることは、間もなく明らかになった。しかし、機数に大きな差があるので、イタリア空軍のJu87部隊の活動は、ドイツ空軍のシュトゥーカ部隊の陰に隠れることが多かった。それに加えて、敵側はドイツとイタリアのJu87の呼称の違いなどまったく気にしていなかった。英国本土航空戦(この期間、欧州のもっと北西の方でクライマックスに近づいていた)でのドイツ空軍の「対スピットファイア反応」と同様に、地中海戦域の連合軍の将兵は――地上部隊の歩兵も砲兵も艦船の乗組員も――彼本人を目標にして急降下してくる飛行機はドイツのシュトゥーカ(その本物が地中海に現れたのは4カ月後の1941年初めだったのだが)に違いないと信じ込んでいた。敵機を冷静に識別しようとするペダンティックな男などは戦場にいるはずがなく、対空監視班員が「退避せよ！　ピッキアテリだ！」と叫んだという例は報道されたり、記録に残されたりしたことはない。

第96飛行隊はSM.85による唯一の、そしてまったく無駄に飛んだだけだった出撃から8週間のうちに、ドイツ製の新鋭機に装備改変をすませ、作戦出撃可能状態に至った。第236と第237の2個飛行隊編制、Ju87 15機の兵力で、シチリア島コミソ飛行場に展開した。第96の前線基地進出の時期は、英国海軍の空母イラストリアスが8月31日に地中海に進出したのと重なっていた。その2日後、イラストリアスはマルタ島の沖合いで、急降下爆撃機の攻撃の洗礼を受けた。ピッキアテリが出撃2回、合計15機による攻撃をかけてきたのである。イタリア空軍は空母と護衛の巡洋艦1隻に投弾を命中させたと報告し、英国海軍の対空砲の砲員は敵機5機を撃墜したと主張したが、実際には双方ともに損害はなかった。

　その2日後、1940年9月4日にマルタ島——開戦当日以来、イタリア空軍の高高度水平爆撃はたびたび受けていたが——は最初の急降下爆撃を受けた。第96飛行隊のJu87 5機は、ヴァレッタのグランド・ハーバーに商船の船団が入ったとの情報を受けて出撃したが、それを発見できず、その代わりに10km南方のフォート・デリマラを爆撃したのである。

　その後、9月のうちに数回の爆撃があった。9月15日には1ダースのピッキアテリがコミソから出撃し、ハル・ファー飛行場を爆撃した。この作戦では、サヴォイア・マルケッティ社のチーフ・テストパイロット、エリオ・スカルピニ准尉が操縦するSM.86の原型機も第96飛行隊と一緒に出撃した。この型は同社のひどい失敗作、「空飛ぶバナナ」のエンジンを新たな型に換え、設計も変えたので外観は前作とはまったく変わっていた。しかし、SM.86の性能についてスカルピニがこの出撃の後に提出した報告は、有望とはほど遠い評価を下していた。

　9月17日にJu87は再びマルタ島に出撃し、ルカ飛行場を爆撃した。地上での目撃者は、「爆撃は非常に効果があった。ほぼすべての格納庫が命中弾を受けた」と述べている。カイロへのフェリーの途中でここに着陸していたウェリントン1機も破壊された。しかし、この日、第96は初めて戦闘による損害を被った。第237中隊の1機がハリケーン数機に襲われてフィルフラ島の沖に撃墜

爆弾を搭載した新編の第97飛行隊のJu87。胴体の白いバンドの上には黒字で中隊番号、「239」が書かれている。垂直安定板の頂部には機体製造番号5792がドイツ空軍機だった時のままに残されている。

され、別のピッキアテロでは機銃手が機上戦死した。

1940年中の第96飛行隊のマルタ島への出撃はこの作戦が最後となった。ムッソリーニが別の地域での作戦開始を決断したためである。彼はヒットラーの領土拡大の手法を探り入れ、すでに1939年の4月にアルバニアを占領していた。そして今や、枢軸国パートナーと同じやり方で、次の目標に選んだギリシャに受諾不可能な内容の最後通牒を突きつけた。それは侵略開始の口実造り以外のものではなかった。1940年10月28日の早朝、午前3時にギリシャ政府に手交されたその文書には、「……これらすべての挑発に、我々は最早耐えられない……」といった文言が並び、ヒットラー自身が書いたもののように見えるほどだった。

予測されていた通り、統領(ドゥーチェ)の最後通牒はギリシャ政府に即座に受諾拒否され、数時間後にはアルバニアに待機していたイタリア陸軍部隊がギリシャ国境を越えた。8個師団は3つの進撃ルートを取った。ひとつはテッサロニーキ(英語名サロニカ)を目指して東から進み、2つ目はイピロス(同エピラス)山地のイオアーニナ(同ヤニーナ)を目指し、3つ目はケルキラ(同コルフ)島──イオニア海北部に面したこの島はムッソリーニが最も欲しがっていた土地だった──を孤立させるために海岸沿いに南下するルートだった。

この3方向の進撃を支援するために、この戦域のイタリア空軍の兵力は増強された。占領下のアルバニアの中だけでなく、イタリア南東部の「踵(かかと)」の部分──ギリシャまでオトラント海峡越え100kmの距離──にも航空兵力が集められた。後者に送り込まれた部隊の中にエルコラニ大尉の第96飛行隊も入っていた。彼は指揮下の2個中隊、Ju87B型とR型の合計20機を率いて、10月の後半にコミソからレッチェに移動した。

侵攻作戦の最初の4日は計画通りに進行したが、ギリシャ軍の抵抗は急速に強まり、11月1日には反撃に移った。テッサロニーキ攻略に向かった部隊は、進路の最初の目標であるフロリナでギリシャ軍の反撃により身動きが取れなくなった。簡単に征服できるという統領の夢に反して、状況はもっと悪化し、ギリシャ軍は後退するイタリア軍を追ってアルバニア領に入り、イタリア軍の前進補給ベースであるコルチャ(ギリシャ語ではコリツァ)に向かって前進し始めた。侵入作戦後、96時間のうちに侵入側が一転して侵入される側に変わったのである。

第96飛行隊のオトラント海峡越え

この2機のピッキアテリも第97飛行隊の所属機である。車輪スパッツに描かれた白く細長い形のマークがそれを示している……

……上段の写真と同じ第97飛行隊の機だが、時期は少し後である。車輪スパッツに描かれた部隊マークがはっきり見える。白い鴨が急降下しており、その目標はスパッツの下の縁を「航走している」敵艦である(カラー塗装図35を参照)。

葉を送るだけであり、支援の軍事行動には出なかった。しかし、この時には英国はギリシャの要請に応じた。軍事援助の物資や装備がギリシャに海路と空路で送られ、英軍の地上部隊がギリシャに上陸し、圧倒的に兵力劣勢なギリシャ空軍と並んで戦うために、英国空軍は数個飛行隊を派遣したのである。

新年の最初の週に、イタリア空軍の偵察機は地中海の両端での英国海軍の行動が明らかに活発になっている状況を次々と報告してきた。この状況は連合軍が大規模な船団運行を始める兆候であると、イタリア側は的確に推論した。この動きは英国海軍の「エクセス」作戦——いくつもの船団と護衛部隊を複雑に組み合わせたスケジュールによって、地中海の東西両端の間を航行させる作戦であり、第1章の初めの部分にも書かれている——だった。その中で最も重要な部分は、1941年1月6日にジブラルタルを出港した高速商船4隻の船団——1隻はマルタ島行き、残りの3隻は援助物資・装備を搭載したギリシャ行き——だった。

枢軸国軍の対応のひとつはシチリア島に航空部隊を集中したことである。経験の高い第96飛行隊は第97をアルバニア戦線に残して、1月8日にレッチェからコミソにもどった。その翌日、第96飛行隊はイタリア空軍のこの年初めてのマルタ島攻撃に参加し、ピッキアテリ9機でカラフラナを爆撃した。その24時間後、第96飛行隊第236中隊の3機が、空母イラストリアス——シュトゥーカの激しい攻撃によって損傷し、よろめきながらマルタ島に向かっていた——に対する攻撃に参加した。

この攻撃はドイツとイタリアの急降下爆撃機隊の最初の協同作戦行動だった。それに参加したのは40機以上のシュトゥーカと3機だけのピッキアテリだった。ここには、その後の数ヵ月にわたる両者の関係の状態が典型的に現れている。これはパイロットたちの責任ではないのだが、ピッキアテリの機数ははるかに少なく、自分たちの活動がシュトゥーカ隊の連中の陰にかくれている（自国の新聞や報道を除いては！）ことを彼らははっきりと感じさせられた。エルコラニ大尉の第96飛行隊が1941年2月にリビアのカステル・ベニートに到着し、I./StG 1、II./StG 2と並んで北アフリカ戦線での戦いを始めた時、第96は弟分のパートナーの立場に置かれた。もちろん、個々のパイロットの活躍や個性の発揮が目立つ例は少なくなかったのだが。

一方、第97飛行隊はアルバニア作戦の厳しい状況の中で戦い続けた。2月9日、第97はきわめて稀なことだが、ギリシャ空軍の戦闘機数機と遭

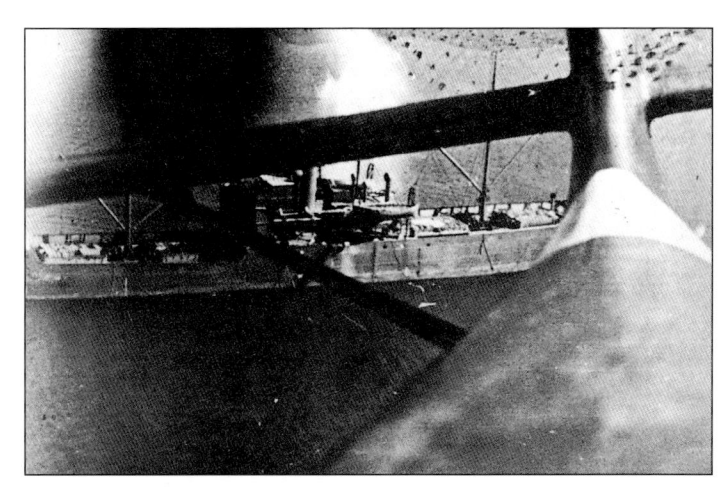

「チェンニ戦術」によって北アフリカ沿岸で商船を攻撃し、離脱してゆく第239中隊のピッキアテロ。

この日の出撃準備のために、Ju87のエンジンの防水布カバーが取り外されている。所属部隊は不明。

遇し、1機が損傷を受けた。しかし、彼らの損害の元はほぼ全部、古馴染みのAA（対空砲火）であり、その2日後に1機が戦線上空で撃墜され、その前後に数機が被弾した。第96飛行隊がアフリカ戦線に転出した跡を埋めるために、この時期に2個中隊——第208、第209の両中隊——が新編された。彼らがレッチェに到着すると部隊構成が改編された。新編の第209が第238と交替して第97飛行隊に編入されたのである。

　1941年3月の初めに、第97から離れた第238中隊はレッチェからアルバニアのティラナに移動し、そこで第208中隊と組み合わされて第101飛行隊が新編された。ギリシャ侵攻作戦が開始されてから4カ月以上も経って、アルバニア戦線のイタリア軍はやっと、ある程度効果的な航空支援を受けられることになったのである。

　第97飛行隊（第209、第239の2個中隊編制）はレッチェ基地に残り、そこからオトラント海峡を越えて航空攻撃を続けた。3月22日、「古顔」の第239中隊がケルキラ島の沖合いで船団を発見し、1隻撃沈、1隻撃破の戦果をあげた。第97飛行隊の古参のパイロットのひとり、ジュゼッペ・チェンニ大尉は水上艦船に対する新しい攻撃戦術を編み出した。ピッキアテリは機数が少なく、ドイツ空軍が創り上げた典型的なシュトゥーカ戦術——多数の機が高高度のさまざまな方向から次々に急降下して行き、敵の対空砲火を混乱させ、圧倒する——を採ることはできないとチェンニは考えた。その替わりに彼が考え出したのは、高速、浅い角度のダイヴで水面すれすれの高度に降下して攻撃する戦術である。水平姿勢で投下された爆弾は前進のモーメントによって水面で「スキップ」を繰り返して飛び（平らな石を浅い角度で水面に投げる「水切り」遊びと同じ）、目標の舷側に横から命中して爆発する。

　その後、バーンズ・ウォリス博士が開発した「反跳爆弾」（もっと精細に設計・製造されたものだが）による1943年5月の有名な「ダムバスター」攻撃が実施され、米軍は南太平洋で「スキップ・ボミング」のテクニックを実戦で広く用いたが、チェンニの戦術はそれらの先を進んでいたのである。

　「チェンニ戦術」の最初の獲物として記録されているのは、932トンのギリシャの貨物船スザンナだった。4月4日にチェンニ本人がケルキラの海岸の沖で直撃弾によって撃沈した。この船の損失を認めたギリシャ側は、低高度の機からの攻撃だったので見誤り、「航空魚雷の命中による」と述べている。その日の3回目——最後の回——のケルキラ沖での艦船攻撃で、第239中隊は同じ戦術によってギリシャ海軍のプッサを撃沈した。この艦は駆逐艦と報告されたが、実際には第一次大戦以来の古い240トンの砲艦だった。

　こうした撃沈戦果は、この戦域での独立した作戦参加部隊としてのピッキアテリの「末期の歌（スワン・ソング）」となった。それから48時間も経たないうちに、ドイツ軍がバルカン半島侵攻作戦を開始したためである。

　この作戦の支援に当たる強大なドイツ空軍部隊には、250機以上のシュトゥーカが含まれていた。これらのJu87はスチームローラーのようにユーゴからギリシャへと急進撃するドイツ陸軍部隊に対する支援に大活躍し、それに比べてイタリア空軍の急降下爆撃機2個飛行隊の活動は、ほんのお手伝いの程度にすぎなかった。ピッキアテリの部隊の兵力はわずかにすぎず、部品や整備の補給はすべてドイツ空軍に依存せねばならなかったので、その後の作戦行動の期間全体にわたって、補助的な立場に置かれた。

……しかし、その行事の後半はすぐに日常通りの態勢にもどり、敵の奇襲攻撃に備えてシュトゥーカは分散した位置に駐機された。

ブルガリアのベリカ北飛行場で「マリタ」作戦開始を待つI./StG3のJu87B。

兵力の損耗は敵の攻撃によるものだけではなかった。オスカー・ディノルト少佐の航空団本部副官、ウーリッツ中尉は、クライニ附近で列機と空中衝突し、墜落して死亡した。

の表記は以下同様)に開始された。ドイツ陸軍部隊がブルガリア国境を越え、ニシュとスコピエに向かって西へ進撃開始した。その45分後、ゲッベルス宣伝相が重々しく宣戦布告を発表した。StG2指揮下の4個飛行隊は作戦開始直後から、ユーゴスラヴィア南部で全面的に戦闘を展開したが、世界の注目を集めたのは北部での事態の進行だった。4月3日にはユーゴスラヴィア政府は首都ベオグラードを無防備都市とすると宣言した。しかし、ヒットラーの気持は変わらなかった。彼は自分の意図を正面から拒否したユーゴスラヴィア人たちの態度を見て、「彼らをなさけ容赦なく徹底的に叩き潰してやる」と気持を固めていた。ヒットラーはベオグラードに対して一連の強烈な爆撃を実施するよう命令した。この爆撃は「懲　罰」作戦（シュトラフゲリヒト）というコード名で実施され、それには彼の抑え切れない怒りが現れているように思われる。

よく晴れたパーム・サンデー(復活祭直前の日曜)の朝、午前7時の少し前、ドイツ空軍のベオグラード猛爆撃が開始された。300機を超える第一波の中の四分の一近くを占めていたのはStG77のシュトゥーカだった。ピンポイントの目標に投弾を命中させる能力をもつ急降下爆撃機は、特定の攻撃目標を指示されていたはずである。出撃の後にあるJu87のパイロットが次のように語っている。

「ノルマンディの緑の灌木の列を見慣れていた我々の目には、温かい感じのブラウンとグレーの多いこの地域の風景は、まだ馴染みが薄かった。後方のトランシルヴァニア・アルプスの稜線のあたりに輝く朝陽の光を浴びて飛び、

見誤ることのないドナウ河の銀色のリボンに近づいて行った。ルーマニアとユーゴスラヴィアの国境だ。遠くの方に靄に霞んだ大きな都市が見えてきた——ベオグラードだ！

「下の方に敵の高射砲の炸裂煙がいくつか見えた。しかし、驚くことはない。我々はポーランドでもフランスでも、もっとすごい対空砲火をさんざん経験してきたのだ。その都市は段々にはっきり見えてきた。白い塔のようなアパートが並んだブロックがいくつも、朝の陽光の中で輝いていた。私の中隊の編隊は降下に入る準備のために散開した。我々の目標はこの都市の名称の元になった要塞だった。サヴァ河がドナウ河に合流するあたりの岬の高台に広がっていて、はっきり視認できた。

「爆弾を投下すると、機体が揺れた。我々は水平飛行にもどり、高速で基地に向かった。着陸した後、すぐに再び出撃する気構えだった。引き揚げる時、要塞が煙と焔に包まれているのが見えた。王宮とその近くの中央鉄道駅にも火災が発生していた。すぐに煙が灰色のカーテンのように、この都市の上空全体に拡がった」

「懲罰」作戦によって大きな損害を受けたベオグラードのモダンなアパート街。

ベオグラード空襲は数日続いた。第4航空艦隊の水平爆撃機の部隊は都市自体にヒットラーの「懲罰」を加え続けたが、StG77のシュトゥーカは早々に目標を変え、ベオグラードの外周とその先のユーゴスラヴィア空軍のいくつもの基地と軍事目標に対する攻撃に移った。

開戦当日の午後、StG77は首都の西5km、サヴァ河河岸地区にある軍・民間兼用のツェムン飛行場を攻撃した。ある中立国人は彼が目撃したこの攻撃の場面を次のように語っている。

「彼らは一列縦隊で接近してきた。距離は1.6kmほどだった。先頭の機は飛行場の上を一周した後に急降下に入った。500km/hから600km/hで垂直のように見える角度で降下して、機首が地面から数メートルほどの高度で水平姿勢にもどり、飛行場のあたりから滑り出て行った。彼らは1機、また1機と次々に急降下してきた。どの機の動きも機械のように正確であり、システマティックだった。まるでロボットのように見えた。

「各々の機は各々の目標を狙った。大半の機は列線に並んだユーゴ空軍の多数の戦闘機と爆撃機に投弾したが、何機かは格納庫やそのほかの飛行場施設に焼夷弾を投下した。全機が投弾を終わると、彼らは飛行場の上空にもどってきた。消火に当たったり、無傷の機を離陸させようとしている連中に、低

ユーゴスラヴィア国境の山岳地帯を飛ぶI./StG3の編隊。

い高度で迫って機銃掃射を浴びせた。

「彼らが攻撃を終わって離脱して行った後には、燃え崩れてまだ焔をあげているユーゴ機の残骸が点々と拡がっていた。そして、多くの建物からは濃い黒煙の柱が立ち昇っていた」

世界中の新聞は一斉に大見出しでベオグラード爆撃を報道したが（これは当然のことだった。大勢の外国紙特派員がユーゴ情勢報道のためにこの都市に送り込まれ、この爆撃を目近に見たのだから）、ユーゴスラヴィアの運命を決定づけたのはこの国の南部での戦闘だった。ユーゴは東側全部をドイツと同盟した3カ国に囲まれ、クーデター前の政権は兵力不足状態の7個軍を、国境全体に広く薄く配備していた。この配備は局地的な紛争の阻止には有効だったかもしれないが、ドイツ軍の電撃戦の強圧に対する抵抗力はゼロに等しかった。この薄い防御戦が突破された後、その背後の地域は無防備同然の状態だった。

ユーゴスラヴィアの防御態勢は、どちらかというと、北部の方がやや強力だった。北部はドイツ（オーストリア）、ハンガリーの国境に面し、この国境を突破した敵は目の前のクロアチアの平野──戦車部隊の進撃に好適な地勢──に容易に侵入してくるはずであり、この地区から侵攻を受ける可能性が高いと見られていたためである。しかし、ドイツ国防軍はこの作戦でも前年のフランス侵攻作戦で高い効果を発揮した奇襲戦術を再び展開した。前年の作戦では機甲部隊が「通過不可能」といわれたアルデンヌの森林地帯の峡谷から、突然敵の背後に姿を現した。それと同様に、今回の侵攻作戦では、ユーゴスラヴィアの南東部、ブルガリアとの国境を「防御している」山地の峡谷や峠から、ドイツ陸軍第7軍が溢れ出るようにユーゴに侵入してきた。

この方面のドイツ軍はアルバニアで苦戦しているイタリア軍とリンクするため、ユーゴスラヴィア南部を西に向かって横断しようと進撃し、フォン-リヒトホーフェンの第VIII航空軍団はその支援に当たった。この作戦は11カ月前のフランスでの作戦（機甲部隊が海峡沿岸に向かって急進撃し、英国大陸派遣軍とフランス軍の間を切り離した後、各々を撃破した）に似たかたちになった。急進撃によって北側のユーゴスラヴィア軍と南側のギリシャ軍の間に楔を打ち込んだのである。この作戦におけるディノルト少佐のStG2の最初の任務は、山地のきわめて重要な峠に構築されていたいくつもの強力な陣地を叩き潰すことだった。ある戦車砲砲手が前進開始

StG77は地上部隊の進攻の後を追ってユーゴスラヴィアに移動した。ここ、ベリレブでは、土地の少年と驢馬が周囲に拡がっているごたごた騒ぎにいささか困惑しているようだ。

アルバニア北部。ユーゴとの国境に近いシュコダルの上空を、爆弾を満載して飛ぶ第97飛行隊のピッキアテロ。車輪スパッツの白い鴨の部隊マークと、この戦域の味方機標識である機首の黄色いバンドに注目されたい。垂直安定板の頂部に残っているドイツ空軍機当時の製造番号の下に、イタリア空軍の機体番号が書き加えられている。

イタリア空軍のある中隊のJu87の編隊。ユーゴスラヴィア中部の荒野の上空、高い高度を穏やかに飛んでいる。

の命令を待ちながら、この航空攻撃の場面をじっと見守っていた。

「戦車の車体全体に細かい露の滴が拡がっていた。山地の稜線のすぐ上の空で段々に明るさを増して行く光のリボンだけが、新しい一日の始まりの前触れだった。4月6日の早朝、時刻は5時だった。我々は時計を見守った。あと15分だ。我々が双眼鏡の焦点を合わせていると、前方の斜面に夜明けの光が映り始めた。我々の背後の山々はミルクのような朝霧の中から山頂を突き出していた。あと1分だ。それ、今だ！　西の方で機銃の短い発射音が聞こえた。鈍い爆発音が1発響いた。そして数秒間、静寂が続いた後、突然、戦線全体にわたって大音響が轟き始めた。我々の対空機関砲の発射音も砲兵隊の一斉射撃の騒音に加わった。

「激しい騒音の中で、私は微かな飛行機の爆音を聞きつけた。それは数秒のうちに大きくなっていった。これまでの経験から、それが何なのか私にはわかり、双眼鏡を上空に向けた。やはり、そうだ。こちらに向かってくるシュトゥーカの機影が微かに見えた。やがて彼らは我々の頭上で旋回し始めた。彼らの主翼の暗いシルエットの中に赤い編隊灯の小さい点がはっきり見えた。

「シュトゥーカはゆっくりと上昇し始め、薄い霧の層から高く明るい空に舞い上がった。上空のシュトゥーカの数は次々に増して行き、我々のすぐ前の山の尾根の方へ向かった。先頭の小隊編隊（3機編隊）は目標を見直すようにもう一度旋回した後、急降下に入った。かなりの距離を置いた位置にいる我々にも、いつもの通り神経にひどくこたえるシュトゥーカの急降下のサイレンが聞こえてきた。最初の爆弾が投下された。小さな黒い点々が敵の陣地に降って行った。いくつもの編隊が次々に投弾を重ねると、我々からは見えない山ひだでの爆発の轟音が響きわたり、雪に白く覆われた高い斜面に黄褐色の煙の柱が次々に噴き上げられた」

　第一波のシュトゥーカ編隊がブルガリアの首都、ソフィアの周辺の基地に向かって引き揚げて行く間に、別の編隊はユーゴ領内100kmほどの目標に向かって出撃していた。侵攻作戦の第1日目、StG2は休む間もなく出撃し続けたが、その日の損害は比較的軽く、2機損失、2機損傷に留まった。彼らは命じられた任務を十分に果たした。StG2の支援の下に第12軍はユーゴスラヴィア第5

軍の薄い防御戦を突破し、先頭部隊は午前中の半ばまでに山地の抵抗線の先へ40km以上も前進した。前を遮る敵の部隊はほとんどなく、ドイツ軍の機甲部隊は散開して進撃した。アルバニア国境までの中間地点、スコピエは24時間のうちに第2、第9両機甲師団によって占領された。第12軍の北側に並んだ第1戦車群（パンツァーグルッペ）は国境を越えた後に北へ進撃した。この機甲部隊はオリエント急行の線路沿いに前進し、4月9日にはニシュを占領し、その先250kmのベオグラードを目指して進んだ。

　ユーゴスラヴィアは窮地に陥った。瀕死の傷を負った獣が猟犬の群れに追われているように、この国は四方から攻撃を受けた。アルバニアに派遣されていたイタリア軍は、ギリシャ軍に対する防戦から一転し、北側のユーゴ南西部への攻撃に向かった。ティラナを基地とする第101飛行隊のJu87はユーゴスラヴィア内の目標を爆撃した。レッチェ基地の第97飛行隊もユーゴ攻撃に向かった。侵攻作戦開始の日の午後、第239中隊のピッキアテリ9機がアドリア海を越えてコトル港を爆撃し、ユーゴスラヴィア軍の対空砲火によって1機を喪った。4月10日、第239中隊の長距離型Ju87Rは、アドリア海沿いに北西方550km離れたイェージに移動し、そこからユーゴスラヴィアのダルマチア地方沿岸へ出撃した。シベニーク港の海軍基地の魚雷艇隊を攻撃し、1870トンの水上機母艦ツィマーイに損傷を与え、損害の面では対空砲火によって数機が撃墜された。

　一方、第101飛行隊は内陸部の目標に攻撃を集中し、彼らも地上砲火によって損害を受けた。4月13日のモスタル飛行場爆撃の際には、飛行隊長ジュゼッペ・ドナディオ少佐のJu87が被弾し、敵地内に不時着した。彼と機銃手は捕虜になって不安な数日を送ったが、イタリア軍地上部隊によって無事に解放された。第101飛行隊の損失は少なくとも隊長機を含めて2機であり、ほかに4機がアルバニア国境沿いの地区でユーゴスラヴィアの対空砲火によって損傷した。

　はるかに離れたユーゴの北西の端ではイタリア第2軍が自国とユーゴとの国境を越えて侵入し、リュブリャナに向かって前進した。その真北ではドイツ第2軍がオーストリア国境から侵入し、ザグレブを目指して進撃した。両軍の部隊がこれらのふたつの都市に入った時、彼らは侵略者と見られることなく、その逆に解放者として市民たちに歓迎された。スロヴェニアとクロアチア（リュブリャナとザグレブはこのふたつの地域の首都だった）は即座に、セルビア人が支配するユーゴスラヴィアから独立することを宣言した。ユーゴ中央政府は早々にベオグラードから南西250kmのサライェヴォに脱出した。

　ユーゴスラヴィア北東部ではハンガリー第3軍がユーゴに侵入し、以前から領有権を主張していた国境付近の地域を占拠した。東部ではルーマニア国境から侵攻したドイツ軍第61機械化軍団が、あまり遠くないベオグラードに向かって進撃した。この軍団は4月12日、ブルガリアから侵入して北上してきた第1戦車群よりわずかな差で先に、ベオグラードに入城した。ユーゴスラヴィアは四周から

事故による機体損失は戦闘による損失以上に発生した。その例のひとつ、このシュトゥーカはにわか造りの発着場で、雨のために地面が軟らかくなった窪地に車輪がはまって転覆した。

StG77のうち、北部配備の部隊はユーゴスラヴィア内を転々と移動し、ギリシャに入った。その途中では、このように敵機の残骸が転がったままの飛行場を何度も基地として使用した。

イスティベイ要塞の回転砲塔のひとつ。ギリシャ領のユーゴスラヴィアとの国境には強力なメタクサス防御線が構築されていたが、この要塞はそのなかで最も堅固な陣地だった。このように防御強化された小砲塔を撃破するためには、腕のよいJu87パイロットの精度の高い投弾が必要だった。

攻め込まれ、全土にわたって主要都市全部を占領され、4月17日に無条件降伏した。ドイツ空軍のシュトゥーカ隊は、対ユーゴスラヴィア作戦の最終段階ではほとんど活動しなかった。4月15日の1600時、第4航空艦隊司令官アレクサンダー・レーア上級大将が、ゲーリング国家元帥から新たな指令を受けたためである。彼は指揮下の兵力を南方に向け、ギリシャを北から南へ通り抜ける長い退却をすでに開始していた英軍部隊を攻撃することを命じられた。彼らが南部の港湾まで到着し、ギリシャから海路脱出する前に、英軍部隊を撃滅せよとゲーリングは命じていた。ドイツ空軍はダンケルクの失敗を繰り返してはならないのだった。

ギリシャ戦線
Greece

　ドイツはギリシャに対しては、対ユーゴスラヴィアの場合とは違って、事前に開戦を通告するという軍事的な儀礼を守った。1941年4月6日午前6時の進攻開始の30分前ではあったが。しかし、ユーゴスラヴィア進攻の場合と同様に、作戦行動の最初には山地の防御戦を突破しなければならなかった。実際に、ギリシャとブルガリアの間の国境には、ブルガリアとユーゴスラヴィアの国境から続いている山脈が西から東へ延びていた。ギリシャ軍はその山稜沿いに200kmにわたる国境防御陣地を連ねた、メタクサス・ラインを構築していた。その中で最大の陣地はイスティベイ要塞であり、国境山地を横切る主要な道路のひとつ、ストルマ河の峡谷沿いのルペル街道を抑える位置に設けられていた。

　ドイツ軍はイスティベイ陣地を、「山岳要塞」と呼んだ。そして、ユーゴスラヴィア進攻の幕開けの防御陣地に対する爆撃と同様な航空攻撃が、45分ほど後にここで再び演じられた。この時も、機甲部隊の前進を見下ろす敵の防御陣地を無力化する任務に当たったのは、ディノルト少佐のStG2だった。第二波攻撃の先頭の機に乗った報道班員は次のように書いている。

「我々が離陸する順番になった。上昇に移ってから、薄れかかった土煙の中に、やっと後続の2機の姿が見えた。滑走の速度を高め、黒い小さなふたつの点が長い土煙の尾を曳いているように見えた。彼らも上昇に移り、我々の機と編隊を組む高度までくると、朝靄の中で暗い色の魚が泳いでいるような感じだった。我々は小隊編隊(ゲシュワーデ)をぴったり組んで上昇し続けた。前方にはマケドニアの山々が拡がっていた。攻撃目標、「山岳要塞」に向かう針路を取った。要塞からは灰青色の煙の柱が何本も立ち昇り、風によって北の方に吹き流されていた。そして、敵の陣地にはいくつも大火災が発生し、山地のギリシャ側の斜面の厚い草地には真っ赤な火焔の壁が拡がっていた。

「このような周囲の状況を見ている余裕はあまりなかった。『急降下』とパイロットが大声をあげた。私は座席の前方、キャビンを横切っているバーを両手で握り締め、両脚を腹に抱え込んだ。機はすでに機首を下に向けて逆立ちの姿勢になり、尾翼は青空に向かって突き立っていた。1秒間ほど宙に浮いたように感じ、それから座席に強い力で押さえつけられた。風防のフレーム越しに見える目標、山岳要塞は刻々と目の前に迫ってきた。

「我々はいくつも並んだ灰色の四角形のものに向かって降下して行った。あれは掩体陣地に違いない。私は身体全体が震動していた。主翼は不気味な金属のドラムのような響きを立てて震動し続け、私の耳は高いピッチの叫び声のような音で一杯になった。突然、強い揺れが一発あり、私は何波もの目まいに襲われた。機首上げに入ったのだ。私の頭の中と耳の重圧感は段々に鎮まって行き、呼吸も楽になった。眼の下には目標に向かって落下して行く爆弾が見えた。我々が数百メートル離れた頃、爆弾は地上で炸裂し、土煙と建物や樹木の破片が掩体陣地の間から噴き上がってきた」

画面の手前はII./StG27のBf109E。その先の方にStG2のシュトゥーカ数機、その右側にディノルト少佐の航空団本部のDo17（Bf109のプロペラで機体の一部が隠れている）が見える。「マリタ」作戦開始時の数日間に、偵察任務に出撃したこれらのDo17数機が喪われた。

この爆撃と、それと同様な数多くの航空攻撃にもかかわらず、ギリシャ軍は頑強に抵抗した。48時間にわたって防御線は実際にしっかりと維持された。峡谷の低い部分の陣地のいくつかは攻略されたが、ルペル街道を見下ろすふたつの主要陣地——イスティベイとウシッター——は急降下爆撃機に支援された地上部隊の攻撃を撃退した。別の2カ所の陣地は一旦ドイツ軍に占領されたが、その直後にギリシャ軍が反撃に出て奪回した。

I./StG3の偵察写真。メガラの撤退乗船海岸沖合の船舶が写っており、4000トン・タンカーと注記されている船は炎上している。

フランスが誇っていたマジノ線と同様に、メタクサス・ラインにも弱点が

ひとつあった。それは敵が外辺を迂回して、背後から攻撃してくる可能性だった。4月8日、メタクサス線防御部隊が山地の中の陣地線を頑強に守り続けている間に、ドイツ軍はユーゴスラヴィアの南東の隅を急進撃し、メタクサス線の西端の外側を迂回してギリシャに侵入した。第2戦車師団の戦車は南進して、その日の夕暮れにはエーゲ海岸の港湾都市、テッサロニキに到着した。ギリシャ北東部のギリシャ軍部隊は、このドイツ軍の急進撃によって国内のほかの地域から切り離された状態に陥り、翌9日に全軍降服するように命じられた。対ギリシャ戦勝利発表の演説の中でヒトラーは、3日にわたってドイツ軍の強力な攻撃に耐え、陣地を守ったメタクサス・ラインのギリシャ軍将兵に対して賛辞を呈した——「彼らはシュトゥーカの攻撃に耐え、このように頑強に戦った唯一の部隊である」。

一方、第二段の防御線が展開された。配備されたのはギリシャ軍の2個師団と、新たに到着した「大英帝国軍」部隊である。テッサロニキ湾の北西岸から北西方に延び、ヴェロイアとエデッサを通ってユーゴスラヴィア国境まで続いていたが、この端の部分は稀薄な空気同然の状態だった。この防御線の部隊と、国内北西部に配備されていたギリシャ軍主力（その三分の二はいまだにアルバニア内での戦闘に当たっていた）の間には、モナスティル（マケドニアでの呼称はビトラ）・ギャップと呼ばれる地区があった。戦争がこの地域にまで拡がってきても、ユーゴスラヴィア軍がもっと北のセルビアの山地で、南下してくる敵を防ぎ切るものと誰もが信じていた。しかし、ここでも事態はお定まりのコースで進んだ。ドイツ軍はギャップを利用して南へ急進撃し、4月11日には大英帝国軍とギリシャ軍はオリンボス山の南側の防御線に後退した。ここでも同じことが繰り返された。防御線の左翼の端のギリシャ軍は一時踏み止まって戦ったが、やはり後退に追い込まれた。そして三度目の撤退命令が出され、テルモピュライ・ラインに移動した。

この時期にはギリシャ軍は崩壊寸前の状態に進んでいた。4月22日、北部軍がリスト元帥の第12軍に降服した。北西部のエピロス地方では、前年の冬

クレタ島進攻作戦に備え、アルゴス飛行場の端の列線に並ぶII./StG1のJu87R。画面手前の乾いた川床には、英国空軍のハリケーンの残骸が捨てられている。

た。これはギリシャ本土とペロポネソス半島——半島内には3カ所の最も西寄りの撤収乗船地点があった——を結ぶ唯一の橋梁だった。当然のことながら、橋の周囲には対空陣地が設けられていた。この地区には連合軍の多数の部隊が詰め込まれた状態になっていて、途切れることのない隊列が、唯一の動脈であるこの橋を渡って南方への撤退を続けていた。4月26日の夜明けに、橋の両端を占拠するために、空挺工兵54名を載せたDFS230グライダー6機が着陸した。それに先だって20〜30機のシュトゥーカが対空陣地を爆撃し、ひとつ残らず沈黙させた。Ju87を護衛してきたBf110は周辺を機銃掃射し、グライダーの着陸とそれに続く落下傘降下のために地上を制圧した。

　この大胆な作戦は見事な成功を収めた。空挺工兵が着陸してから10分後に大爆発が起こり、橋は破壊されたのである（爆発の原因はいまだに不明である）。その結果、連合軍はこの橋による撤退を阻止されたが、同時にドイツ軍は撤退部隊を急速に追撃することができなくなった。橋が破壊されたにもかかわらず、ドイツ空軍の期待は外れ、撤退作戦は着実に継続された。作戦は4月30日の真夜中すぎに完了し、ギリシャに派遣された6万名の将兵の75パーセントが脱出した。ダンケルク撤収作戦の成功は再現されたのである……膨大な量の車両と装備を敵地に残した点も同じだったが。

クレタ島攻略作戦
Crete

　クレタ島はギリシャ本土の南端から100kmほどの距離であり、すでに航空攻撃を受けていた。この島の主要な港湾、北岸のスダ湾はギリシャ撤収作戦に参加した艦船の多くが中継地として寄港した。イタリア軍が1940年10月末に侵攻開始した時にギリシャは英国に救援を要請し、それに応じて英国は軍隊を派遣したのだが、英国軍が上陸した最初のギリシャ領はクレタ島だった。そして今や、クレタはギリシャ領の中で唯ひとつ、外国に占領されずに残っている最後の地域になっていた（ギリシャから撤退してきた2万1000名を含めた2万8000名の英軍部隊が守備に当たっていた）。

　アテネでは5月1日に親枢軸国の政府が設置されたが、バルカン作戦が正式に「終結」したのはその9日後のことである。その間に周辺のギリシャ領の多数の島々が占領され、イオニア海の島々はイタリアの支配下に、エーゲ海の島々はドイツの支配下に置かれる体制になった。

スダ湾に投錨している船舶の1隻の側に至近弾が落下した瞬間。大型の船1隻はすでに直撃弾を受けて火災が起きている。

クレタ島も奪取するべきである——それも空挺進攻作戦によって——という考えが、第XI航空軍団司令官クルト・シュトゥーデント中将から提起された。この軍団は降下兵部隊とグライダー部隊を指揮下に集めた組織だった。このアイディアは短い時間のうちに指揮系統をさかのぼって行き、第4航空艦隊からゲーリングへ、そしてヒットラー本人の許にまですぐに伝わった。ヒットラーはクレタ島が脅威になる可能性を考えていた。ここが連合軍の長距離爆撃機の基地となり、そこからルーマニアの油田地帯が攻撃されることを恐れていたのである。そして、空挺進攻作戦によってこの島を奪取するというアイディア——これは初めての大規模な空挺作戦であり、電撃戦のコンセプトに新しい次元(ダイメンション)を加えることになる——に彼は強く気持を動かされた。ヒットラーは作戦実施の許可を与えた。ただし、シュトゥーデントが短い戦闘期間によって目的を達成する作戦計画を立案することが条件とされた。1カ月先にはソ連侵攻作戦開始が予定されていたためである。

もちろん、進攻作戦のストーリーの主役はシュトゥーデントのグライダー部隊と落下傘降下部隊の空挺隊員と、彼らを戦場まで輸送したJu52輸送機の乗員である。そして彼らはその代償を支払わされた。シュトゥーカ隊も「メルクール」作戦——クレタ島攻略作戦のコード名——に参加した。島の上空での対地上攻撃と、周辺の水域の目標に対する攻撃の両方にわたっており、後者の方が重要だった。

アッティカ地方、アテネの北と西の2カ所に、裸の土地を平らに均しただけの飛行場が新たに造られ、そこに500機以上のJu52とDFS230グライダー72機が、降下猟兵の部隊とともに集結した。それまでにバルカン進攻作戦で活躍した7個の急降下爆撃飛行隊は、もっと南のペロポネソス半島の飛行場に展開した。その過半数——StG77の3個飛行隊全部とI./StG1、I./StG3——はアルゴスに集められ、StG2の第Iと第IIIの2個飛行隊の大半は先ずモラオイ周辺に配備された。5月14日になってハインリヒ・ブリュッカー大尉は彼の第III飛行隊で選抜した10組の乗員を率いて、クレタの東方80kmほどのカルパトス島に移動した。この島はエジプトにある英軍の補給基地とクレタの間を航行する船舶の航路に近く、それを攻撃するための基地として絶好の位置にあった。

進攻作戦開始の前の数日、シュトゥーカ隊はクレタ島の北側の海岸沿いの目標に対する攻撃を強めて行っ

至近弾に夾叉(きょうさ)された軽巡洋艦グロスター。この直後に直撃弾数発が連続し、この艦は停止した。そして転覆して数分間で沈没した。

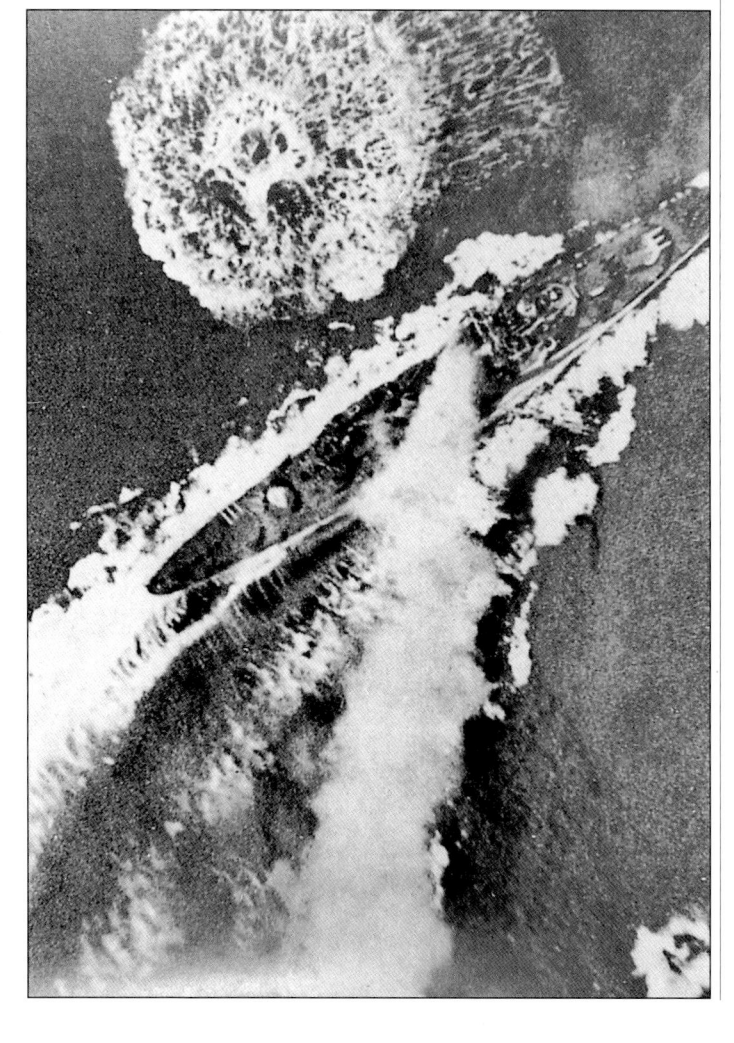

た。特にこの島の3カ所の航空機発着場とスダ湾に対する攻撃には力を注いだ。その例のひとつは、ヒッチュホルト大尉のI./StG2の5月18日のスダ湾攻撃である。この時、1万5220トンの英国海軍特設油槽艦オルナは甚大な損傷を受け、乗組員は沈没を避けるために止むを得ず艦を座礁させた。

　一方、モラオイ飛行場ではオスカー・ディノルトが第I飛行隊の技術担当将校の助けを借りて、地上部隊に対する攻撃に使用する新兵器をにわか造りで仕上げようと頑張っていた。StG2のパイロットたちはギリシャ作戦の際、見事な爆撃の腕前を示したが、爆弾は地中深く貫入してから爆発するので、爆撃の効果はあまり高くなかった（ANZACの連中に聞かせてやりたいものだ）。航空団司令はその弱点を感じ取り、もし地面より高い位置で爆発する爆弾が造られれば、岩石混じりの土壌のクレタでは爆弾の破片と岩石を一緒に飛散させ、非常に高い爆撃効果をあげることができると考えたのである。

　この問題の解決のためには、爆弾先端にある程度の長さの棒を取りつけ、それが地面に接触した時（つまり、爆弾本体が地面にめり込む前に）に爆発する構造にすればよい。最初は翼下面弾架に搭載する50kg爆弾の先端に60cmの長さの柳材の棒を振り込んだものを造り、麦畑に拡げた白い布を目標にして投弾した。このテストは失敗だった。棒は接地とともに折れ、地面より高い位置で信管を作動させることができなかった。次は柳材の代わりに金属の棒を爆弾に取りつけてみたが、これは地面に突き刺さり、爆弾は期待よりわずかに遅れて爆発した。

　3番目の試作改造爆弾は成功を収めた。先端に直径8cmの金属板を溶接した金属棒を50kg爆弾に取りつけて投下すると、地表から30cmの高さで爆発した。麦畑に残った弾孔が浅いことと、周囲の広い範囲の麦が倒れたことから見て、爆発の効果は非常に高いと判断された。初めのうち、金属棒はStG2の修理施設で製造され、「ディノルトのアスパラガス」というニックネームをつけられた。後には工場で本格的に製造され、「ディノルトの棒材（ディノル・シュテーベ）」と呼ばれて、シュトゥーカ隊全体にわたって広く使用された。

　5月20日の夜明け前の薄暗がりの中で空挺部隊の将兵が次々と輸送機に乗り込み始め、メルクール作戦が開始された。その前、2週間にわたって、シュトゥーカ隊はクレタの抵抗力減殺のために北側沿岸地区に爆撃を重ねていたが、20日の午前7時をわずかにすぎた頃、それはクライマックスに達した。計画されている4カ所のグライダー着陸・落下傘降下ゾーンに対して進攻開始直前の猛爆撃を加えたのである。この攻撃は分単位の刻みで計画され、敵の対空陣地と防御陣地の兵員の頭を伏せさせて、シュトゥーカのすぐ後に続いて次々に波状の編隊で上空に進入してくる無武装のJu52に手を出せないようすることを目的としていた。

　しかし、シュトゥーデントの下で作戦計画を作成した幕僚は、ごく小さなことではあるが、致命的な結果に結びつく要素を見逃がした。最初の輸送機1機が新たに整地された滑走路で速度を高めて行くと、その後方に巨大な濃い土砂塵のストームが一面に噴き上がった。そのため、それに続く機のパイロットたちはまったく前方が見えず、離陸は不可能になった。後続機は前方の土砂の雲が収まるまで滑走開始を待たなければならず、それが次々に続いて貴重な時間が失われて行ったのである。

　その結果、シュトゥーカの爆撃と輸送機の空挺作戦ゾーン上空侵入の間に予想外の時間のずれが生じ、その間に敵の対空陣地と防御陣地の兵員は爆

駆逐艦ケリー、カシミール、キプリングの3隻が、I./StG2のシュトゥーカの投弾の雨を逃れようと運動している。カシミールはすでに多数の爆発煙の下で沈没し（画面中央左寄り）、ケリー（右下隅）も間もなく同じ運命をたどった。

撃の恐怖から立ち直り、油断なく態勢を整えていたので、空中からの「インヴェーダー」は激しい損害を被ることになった。実際には、まったく違った状況になった陣地も多かった。クレタ島に配備された部隊は毎日の「嫌な攻撃」——兵士たちは朝の空襲をこう呼んでいた——に慣れっこになっていて、5月20日の爆撃も、いつもより速く始まったなとは思ったものの、またお定まりの空襲だと考えた。そして、シュトゥーカが海の方へ姿を消すと、彼らはすぐに警戒態勢を解き、空襲の間に調理された朝食を取るために陣地を離れた。マレメ（島の西寄り。進攻作戦の重要な目標）では、ライフルをもたずに外に出た者も多かった。0800時の少し前、多数のエンジンの「恐ろしい唸り声」が一面に拡がり、兵士たちはショックを受けたが、すぐに態勢を立て直し、彼らの応戦はドイツ軍のエリート、降下兵部隊に大きな打撃を与えた。

12日間にわたるクレタ攻略作戦の最初の段階では、Ju87は彼らの典型的な任務、「空飛ぶ砲兵」の任務の出撃が多かった。連合軍が頑強に抵抗する地区があると、地上部隊の要請を受けて爆撃に向かう任務である。一方、もっと戦略的な目標に対する爆撃も続けた。その一例は5月22日のスダ湾地区に対する爆撃である。この出撃での損害はStG77の1機未帰還だけだったが、過密状態のアルゴス基地での離陸の際の事故でStG3の3機が喪われた。

その48時間後、シュトゥーカ隊は島の西端、カステリ湾——そこでは海路で到着した増援部隊、第5機甲師団が軽戦車を揚陸しようとしていた——の守備隊を爆撃した。その24日の午後、スダ湾に近い都市、カニアを空襲した。目撃者は「残酷な急降下爆撃の繰り返し」と語っている。この日の終わりまでにStG1のJu87 4機が喪われた。

攻略作戦の当初、かなりの損害を受けたが、シュトゥーデントの空挺部隊は島の北岸に沿って真西に延びている平地のベルトを段々に制圧して行った。連合軍はここで再び困難な撤退行動に追い込まれた。クレタ島の脊梁山脈を越えて、険しい地形の南海岸の撤収乗船地に向かわねばならなかった。上空掩護はなく（最も近い英国空軍の基地はエジプトだった）、隊列は岩石だらけで曲りくねった急勾配の山道をたどり、ドイツ空軍の戦闘機と急降下爆撃機——後者は恐ろしい「ディノルトのアスパラガス」爆弾を搭載していた——の

強烈な攻撃を受けながら進み続けた。

「我々はシュトゥーカを怖れ始めた。我々のわずかな動きも見逃さず、翼が上下に曲がった醜いスタイルのユンカースの群れがやってきて、薄汚れた胴体の下面を我々に見せて旋回した。そして1機ずつ、ゆっくりとした感じで翼を翻して隊列を離れ、鋭い爆音を立てて垂直に近い急降下に移った。エアブレーキを下げ、サイレンの金切り声を響かせて降下し、恐ろしいほど正確な照準で投弾した。こうして数分のうちに、狙われた区画は高性能火薬で平たく均されてしまった」

ある兵士が山の中で狙われた。彼は冷静さを保ち、うまく岩の間に身を隠して危険を逃れたのだが、次のように回想を語っている。

「……そのシュトゥーカは離れ行ったり、もどってきたり、あたりを旋回してはまた離れ行ったりする動きを何度も繰り返した。そいつの右の翼の黒い十字のそばに大きな汚れがついていたので、同じ奴だと私にははっきり分かった。奴が私の頭上のあたりをうろうろしたのは1時間ほどだっただろうか……私はおしまいにゲロを吐きたくなるほど嫌な気分になった」

クレタ島自体に対するシュトゥーカの航空攻撃が強烈だったことは確かだが、シュトゥーカが最大の威力を発揮した場面は島の周辺の海上だった。この水域で英国海軍は活発に行動していた。カニンガム提督は最初、指揮下の「軽任務部隊」——巡洋艦と駆逐艦によって構成された部隊——3個によって、夜間にエーゲ海で沿岸砲撃を展開していた。しかし、彼はギリシャ本土と周辺の島々からの敵の航空攻撃に対して彼の艦艇が脆弱であることを考え、艦艇は夜明けまでに危険が比較的少ないクレタ島南方の水域に後退せよと命じていた。艦艇が後退するためのコースにはふたつの選択があった——戦闘が続いているクレタ島の東側と西側のいずれかを回るコースである。

シュトゥーカの最初の獲物は駆逐艦ジュノー（1760トン）だった。この艦は東側のコース（クレタ島とカルパトス島の間のカソス海峡）を無事に通過し、その先80kmほどの地点で5月21日の正午過ぎに、カルパトスに配備されていたブリュッカー大尉のⅢ./StG2のJu87とイタリア空軍の爆撃機の編隊に捕捉された。ジュノーには爆弾3発が命中し、そのうちの1発が主弾薬庫に貫入して炸裂した。そして、続いて起きた大爆発によって艦はふたつに折れ、2分間で沈没して多数の戦死者を出した。その日の夕暮れ前に新たな戦闘がクレタの西側水域で発生した。巡洋艦3隻と駆逐艦4隻の別の任務部隊が、クレタの北側の水域での索敵攻撃行動を展開するためにアンディキティラ海峡に入った。この部隊はペロポネソス半島の基地から出撃したⅢ./StG2の別の中隊の攻撃を受けたが損害はなく、Ju87 2機を撃墜した——1機は対空砲の直撃弾によって機体がふたつに折れ、もう1機は陸地に到達できずに不時着水した。

その翌朝、この英国海軍の部隊が往路と同じ西側のコースでこの水域から離脱しようとしている時、強烈な航空攻撃を受けた。彼らはクレタの西方の水域に配備されていた戦艦戦隊（戦艦2隻を中心にした編成）に救援を求めた。それに応じて行動を始めたこの戦隊自体も、午後の早い時刻にシュトゥーカの攻撃目標になった。装甲の厚い戦艦ウォースパイトにはJu87の投弾1発が命中したが、「痛くも痒くもない」様子だった。一方、StG2の第Ⅰ飛行隊と第Ⅲ飛行隊は大型軽巡洋艦グロスター（9400トン）とフィジー（8530トン）に損傷を与えたが、重大な打撃には至らなかった。しかし、1400時の直前、駆逐艦グレイハウンド（1370トン）は命中弾3発を受け、数分のうちに沈没した。この艦の

生存者救助の態勢に入った巡洋艦2隻は、再びJu87とJu88の編隊に襲われた。エルンスト・クプファー(博士)中尉の3./StG1に狙われたグロスターは何発も命中弾を受け、激しい火災が発生して航行不能に陥った。この艦は1月にマルタ島沖でⅡ./StG2の攻撃を受けた時は生き残ったが、この回は逃れ切れず、数分後に沈没した。そのすぐ後に、激しい攻撃の中を南に向かって脱出しようと試みていたフィジーは、Bf109戦闘爆撃機の編隊の爆撃によって撃沈された。

　海軍大佐ルイス・マウントバッテン卿(ケリーに座乗)指揮下の駆逐艦3隻はマレメ飛行場砲撃のためにマルタから出撃し、5月22日の日没後にアンディキティラ海峡を通過した。そして、翌23日の真夜中すぎに同じコースを通ってクレタの南方の水域に出て、夜明けまでには島からかなり離れた地点に至った。しかし、まだシュトゥーカの行動半径の外には出ていなかった。0755時、この部隊は、フベルトゥス・ヒッチュホルト大尉が率いるⅠ./StG2のJu87に発見された。その兵力は20機以上だった。シュトゥーカはただちに攻撃に移った。カシミール(1690トン。ほかの2隻と姉妹艦)は艦の中部に直撃弾1発を受けて、2分足らずのうちに沈没した。激しい回避運動を重ねたケリーも同じ運命から逃れることはできなかった。爆弾1発が機関室内で爆発し、ほとんど瞬時に転覆した。乗組員の半数は艦とともに沈んだ。3番目のキプリングは僚艦2隻の生存者279名を救助した(その中にはマウントバッテンも入っていた)。

　それから48時間後、海空戦はクレタ東方の水域に移った。英国海軍は早い時期から、カルパトス島にシュトゥーカの基地があることを察知していた。5月21日の早朝、駆逐艦3隻によってこの島を砲撃したが、その後、ここのドイツ空軍の兵力は増強された。最初に進出したブリュッカー大尉以下の10組の乗員の上に、第Ⅲ飛行隊のモラオイに残っていた全機が移動してきて、Ⅰ./StG2もそれに加わった。このシュトゥーカの大兵力は地中海東部の海上輸送にとって脅威であり(そして、可能性が高くなってきた撤退作業にとっても脅威だった)、これを制圧することが必要になった。カルパトス攻撃のために、5月25日に強力な部隊がアレクサンドリアから出撃した。戦艦クイーン・エリザベスとバーラム(いずれも3万3000トンクラス)、航空母艦フォーミダブル(2万3000トン)、護衛の駆逐艦9隻のこの部隊は、5月26日の夜明けにカルパトスに航空攻撃をかけたが、わずかな損害を与えただけだった。当然、報復攻撃が予想され、攻撃の後、部隊の全艦は高速で離脱に移った。シュトゥーカの攻撃は午後の早い時刻、部隊がカソス海峡の南250km付近にまで後退した時に始まった。この攻撃部隊はほとんど予想されていない方向からやってきた。北アフリカからやってきたのである。

　ヴァルター・エネッツェルス少佐指揮のⅡ./StG2はリビア戦線で行動しており、クレタ攻略作戦には参加していなかった。この日、少佐以下20機のシュトゥーカが海上に出撃したが、英国海軍の戦艦戦隊捜索のためではなく、トブルクに向かう補給任務の敵側船舶を発見して攻撃することを目的としていた。そして、行動半径の限界に近づいた頃、この編隊は主力艦戦隊の外周防御陣(スクリーン)の位置についている駆逐艦数隻を発見した。飛行隊長はただちに3個中隊全部を率いて攻撃に移った。主目標は空母だった。その年の初めにエネッツェルスの飛行隊はマルタ島沖でイラストリアスに大きな損傷を与えたが、その姉妹艦であるフォーミダブルに対しては同程度の大打撃を与えることはできなかった。しかし、飛行甲板への2発の直撃弾と数発の至近弾は、この艦を1年以上も戦線から離れさせるだけの効果をあげた。護衛の駆逐艦の

1隻、ヌビアン(1854トン)は艦首を吹き飛ばされ、大がかりな修理のために12カ月もドックに入ることになった。

　5月28日には別の「軽任務部隊」がアレクサンドリアから出撃した。巡洋艦3隻と駆逐艦6隻で編成されたこの任務部隊に対する攻撃で、シュトゥーカ隊はクレタ攻略作戦での最後の撃沈戦果をあげることになった。クレタ島北側沿岸地帯には、まだ組織的な抵抗を続けているポケット地区がいくつか残っており、そのひとつから撤退する将兵を収容するためにこの任務部隊はイラクリオンに向かったのだが、往路で10回も航空攻撃を受けた。どの艦も直撃弾を受けることはなかったが、至近弾によって巡洋艦1隻と駆逐艦1隻が損傷した。前者はアレクサンドリアへ引き返すように命じられた。後者はイラクリオンまで航行したが、操舵装置の損傷が致命的な状態にまで進行したため、到着した翌朝に自沈処分された。

　この艦が沈没し切った頃、生き残った7隻は地上部隊の将兵を詰め込んで西へ向かい、カソス海峡に差しかかった。そこで、近くのカルパトスから出撃したシュトゥーカの第一波に襲われた。III./StG2の1機の投弾1発が1300トンの駆逐艦ヒアワードの前部煙突付近に命中した。速度が低下したこの艦は、隊列を離れて7kmほどの距離のクレタの海岸に向かったが、陸岸に到達する前に数発の命中弾を受けて沈没した。乗組員と450名ほどの陸軍の将兵の大半は救助されて捕虜になった。

　ヒアワードはクレタ島周辺の水域で急降下爆撃の強烈な威力に屈した6番目で最後の艦となったが、シュトゥーカはまだその上に最後の一撃の機会を狙い続けた。StG77の一部の中隊とI./StG3は隻数が減った「軽任務部隊」を行動半径の限度一杯まで追撃し、軽巡洋艦ダイドーとオライオンに大きな損害を与えた。

　その3日後、7つのシュトゥーカ飛行隊は次々に地中海を後にして、北への針路を取った。1941年6月に入った今、ヒットラーが待ちに待っていた時、もっと重要な行動——ソ連侵攻作戦——に全力を傾ける時がきたのである。

クレタ島攻略後、日除けヘルメットをかぶったシュトゥーカの乗員たちが、スダ湾で散々に被弾した9600トンの重巡洋艦ヨークの後甲板を視察している。ヨークは磁石のように多数の急降下爆撃機の攻撃を引き寄せたが、実は3月下旬にイタリア海軍のフロッグマンが操縦する爆装小型艇の攻撃によって損傷し、泊地で沈座して行動不能に陥ったままだった。

chapter 4

北アフリカ戦線
campaigns in north africa

　バルカン半島と地中海東部での作戦は、シュトゥーカ隊の強力な活動の効果もあって。枢軸側同盟国が満足する結果に向かって進んでいた。その一方で、1月の末にシチリア島を離れ、地中海を越えて北アフリカのトリポリに移動したJu87の3つの部隊は、きわめて異なった種類の戦いを展開していた。戦っている敵は同じなのだが、戦いの条件が異なっていたのである。

　リビアはイタリア帝国の一部だったので、第96飛行隊(グルッポ)の隊員は新しい環境にかなり速く適応した。しかし、I./StG1とⅡ./StG2の乗員と地上要員(ドイツ北部の出身者が大半だった)にとっては すべてがまったく新しいものだった。学ぶべきことは山ほどあった。自分の身の廻りのこと(たとえば、毎朝、ブーツに足を突っ込む前に、中に蠍(サソリ)が入っていないことを確かめなければならなかった)から、整備作業の進め方(早朝に飛行機のタイヤに正常圧まで空気をいれておくと、正午までには太陽の熱で空気が膨張してタイヤが破裂してしまう――タイヤの破裂については、「ブナ」合成ゴムのタイヤの方が天然ゴムのタイヤよりも、砂漠の厳しい条件に耐える強さをもっていることを、ドイツ人は後になって理解した)までにわたっていた。ドイツ軍の部隊はイタリア軍に頼ってこの土地に適した潤滑油を調達しなければならなかった。彼らが金属の作動部分に通常使っている潤滑油は、ここではすぐに溶けて流れ出てしまうので、エンジンは停止し武器は作動しなくなったためである。

　彼らが理解するべきことはたくさんあったが、そのための時間は少なかった。シュトゥーカがアフリカに派遣されたのは、バルカン半島の例と同様、ヒットラーが南隣の同盟国のピンチを救うために、急に別の地域の戦争に介入することを決めたためである。1940年6月10日、イタリアが英国に対して宣戦布告し、地中海地域で戦争が始まった時、イタリア軍と英軍はリビア‐エジプトの国境

上●この土地では、新入りの連中は、あたり一面に拡がる砂漠の砂にうまく順応する方法を学ばなければならなかった。

下●新たに到着したアフリカ軍団の兵士たちが、上空を低く飛ぶシュトゥーカの3機編隊を見上げている……

……一方、もっと近くで見る連中もあった。椰子の葉が風になびいている典型的なオアシスに近い発着場で、シュトゥーカを見まわす陸軍の兵士たち。

絵のようなオアシスの景色も、北アフリカの目立たないヒーローたち——空軍の地上要員たち——にとっては何の意味もなかった。ここでは、ひとりの整備員が爆弾搭載も終わったシュトゥーカのエンジンの、出撃前、最後のチェックを進めている。

ジャッキがない場所では、翼下面に増槽タンクを搭載する作業は大勢の人手が要る力仕事になった。

　の鉄条網を挟んで対峙した。この状態を破って最初に動いたのはグラツィアニ元帥指揮下のイタリア軍であり、9月13日にハルファヤ峠を越えてエジプトに侵入した。彼らは100kmほど東進してシーディ・バラーニに至り、そこに陣地を構えて腰を据えた。

　12月9日、ウェーヴェル将軍指揮の英軍が反撃を開始した。この英軍の最初の攻勢作戦は量的に優位に立っていたイタリア軍をエジプトから駆逐しただけでなく、彼らを追ってキレナイカ（リビア東部地域）を西へ進撃し、その途中でバルディーア、トブルク、ベンガジ（この地域の首都）を占領した。これはイタリアにとってアルバニアとギリシャでの失敗の繰り返しだった。

　1941年2月の第1週までに、英軍は800km以上も西進し、エル・アゲイラで停止した。北アフリカ戦域の地理的な条件は、内陸部がほとんど通行不可能な砂の海であることだった。このため、主要な作戦行動は地中海沿いの比較的幅の狭いベルト状の地域内に限られていた。そして、この東西に長く延びる戦域には、もうひとつ動かし難い法則があった。一方の軍が前進して行けば、連絡・補給線が長く延びて行き、戦力が段々に低下する。その相手側は後退して行くにつれて彼らの後方補給基地に近くなって行き、戦力を高めることができる。螺旋状のスプリングが縮んで貯えたエネルギーによって撥ね上がるように、やがて彼らは強い反撃に出ることができるのだった。

　北アフリカ戦線での戦いは最終的な結着がつくまでに、シーソーのように6回も前進と後退が重なった。グラツィアニのエジプトへの東向きの進攻と、ウェーヴェルの西への反攻のリビア侵入は振り子の最初の1回の往復にすぎなかった。この最初のリビア進攻の途中で、ウェーヴェルはすでに不安な問題を抱えていたが（陸路補給が確保できない距離まで進攻したため、地中海艦隊の沿岸警備の艦艇による補給に依存せねばならなくなっていた）、ふたつの外的要因によって状況が一段と悪化した。それは彼の指揮下の4個師団を割

いてギリシャ軍支援のために派遣したことと、イタリア軍支援のためのドイツ軍部隊（ロンメル指揮の1個軽機甲師団）が北アフリカに到着したことである。

まだ胎生期同様の「アフリカ地区航空部隊（フリーガーフューラー・アフリカ）」の唯一の攻撃兵力であるI./StG1とII./StG2のJu87 60機は、ただちに戦闘行動を開始した。彼らはふたつの任務を背負っていた。間もなく始まるドイツ軍の反撃作戦の前に、敵の戦力を低下させることと、英軍の占領下にあるキレナイカ地方沿岸の港湾を爆撃し、敵の補給を阻止することである。

2月14日、I./StG1はアフリカ戦線で初めてシュトゥーカ1機を喪った。エル・アゲイラ爆撃の際に対空砲火で撃墜されたのである。その4日後、海岸沿いでもっと東のマルサ・エル・ブルガで、この飛行隊は初めて敵の戦闘機と交戦した──12機のJu87がハリケーンの攻撃を受け、後者は急降下爆撃機8機撃墜を報告した。

2月22日のベンガジ空襲の際、シュトゥーカの投弾1発が旧式沿岸用砲塔艦（モニター）テラー（7200トン）に損傷を与えた。この艦はアレクサンドリアに向かったが、2日後に途中で沈没した。24日にはトブルクでJu87の編隊が1375トンの駆逐艦デインティーを海底に送り込んだ──シュトゥーカの乗員の言い方では、「頭を水面の下まで踏んづけてやった」のである。キレナイカ地方の地上目標に対する急降下爆撃も日々激しさを増し、3月31日まで継続した。この日、ドイツ軍は東に向かって反撃作戦を開始したのである。最初は単に「威力偵察（リコナイッサンス・イン・フォース）」を目的としていたが（兵力は独・伊軍の3個師団）、ドイツ軍の指揮官──ほかならぬエルヴィーン・ロンメル中将──はすばやく敵の弱点を見抜いて、そこに付け込んだ。

「偵察」はすぐに本格的な攻勢作戦に転換した。そして、1カ月をわずかにすぎただけの期間のうちにリビア全体を枢軸国側の手に取りもどし、ドイツ軍の先頭部隊はエジプト国境を越えて険しい地勢のハルファヤ峠を占領した。この峠はリビアとエジプトを結ぶ戦略上きわめて重要な道路のボトルネックであり、激烈な戦闘が数多く展開される場面となったので、連合軍の将兵は「ヘルファイア・パス」（地獄の業火の峠）と呼ぶようになった。

リビア全体を枢軸国側の手に取りもどしたというのは、厳密に考えると正確ではない。確かにロンメルはイタリア軍が前年末から2月までに失った地域を取りもどし、ウェーヴェルが占領した沿岸の諸都市を奪回したが、ひとつだけ明らかな例外があった。それはトブルクである。

大戦勃発前には、人口500人程度のこの小さなリビアの港町の名を知っている人は少なかった。ムッソリーニがこの港を小規模な海岸基地に拡大した後も、重要性はあまり高くなかった。しかし、第9オーストラリア師団が英軍の砲兵部隊、インド騎兵（自動車装備）連隊とともに後退して、この都市とその周辺の守備体制を固め、独伊軍の攻撃に対して激しく戦い始めると、世界の注目を集めた。ここで始まった8カ月にわたる壮烈な包囲攻防戦は、今も戦史に残っている。

キレナイカ上空を飛ぶ4./StG2の編隊。カウリングの右舷にはこの中隊のマークが見える……

……そのマークのクローズアップ。これはこの中隊が北アフリカに到着して間もなく採用されたもので、椰子の樹がモチーフになっている。

砂漠での作戦の初期には、Bf109に護衛されたシュトゥーカは正に強力な兵器だった。この第4中隊のJu87B-2 tropは、I./JG27の飛行隊副官、ルートヴィヒ・フランツィスケット中尉の機にしっかり護衛されている。

それでも損害は発生した。これはアフリカ軍団の主要補給道路、ヴィア・バルビア近くの低い岩山に墜落したJu87（画面の上部左寄り）。兵士ひとりが走って救援に向かっている。

1941年春の間のシュトゥーカのふたつの典型的な主要任務のひとつは、敵の地上部隊に対する攻撃（地面に映った自機の影を追うように低空を飛んでいるこの4./StG2の機は、まだ以前の四つ葉のクローバーのマークを風防の下に付けている）……

　その8カ月の間、ロンメルはこの間近な背後の脅威（トブルクはエジプト国境まで前進した彼の前線部隊の後方150kmの距離にすぎなかった）を取り除こうと何度も試みた。英軍の支配下にあるため、ロンメルはここを前線に近い補給港として使うことができなかった。英軍にとっては、できる限り長くトブルクを確保しておくことが非常に重要だった。トブルク守備部隊の存在によって、ロンメルの兵力のかなりの部分をここの周辺に縛りつけ、同時に彼の補給の拡大を抑えることができた。そして、ロンメルが表明していた目標、アレクサンドリアへの前進を抑えるだけでなく、在エジプトの英軍がそれまでの作戦行動による損失を補充し、近く開始する反撃作戦の態勢を整えるために貴重な時間を稼ぐ効果があった。
　その年の末まで、トブルクとその周辺に対する爆撃が西部砂漠地帯でのシュトゥーカの作戦行動の大半を占めた。港湾施設と町自体は繰り返し爆撃され、内陸に向かって拡がる防御陣地も同様に爆撃された。この防御陣地は元々イタリア軍が構築したものであり、外周45kmの鉄条網線、強化陣地、トーチカ、内周鉄条網線、要塞7カ所、航空機発着場2カ所によって構成されていた。
　港の中には沈没した艦船が点々と拡がり、包囲された守備部隊に対する補給のために輸送船と沿岸警備戦隊の艦艇が航行するアレクサンドリアとトブル

……もうひとつは英軍の沿岸航行船舶に対する攻撃だった。この機（左のページの写真のJu87と同じ中隊の機）は海上を低い高度で飛び、基地に向かっている。カウリングの右舷には新しい椰子の樹のマークがはっきり見える。

トブルク港内で爆撃を受ける英軍の船舶。襲いかかるJu87の乗員の目に映った状況である……

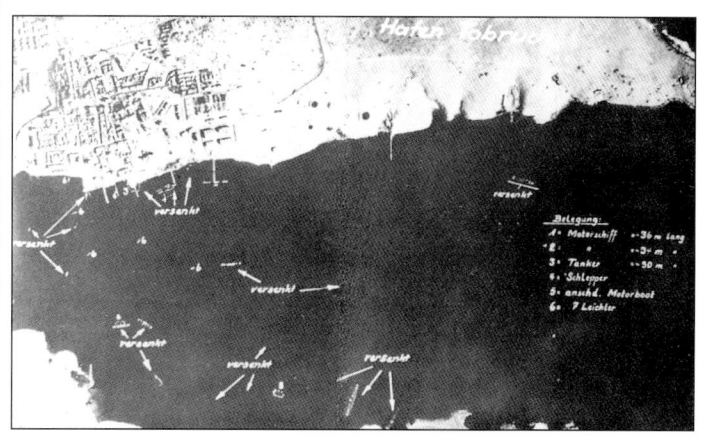

……そして、この中隊の攻撃の結果を示す公式偵察写真。現在、港内にある船舶の詳細が書き込まれ、矢印は沈没した船の位置を示している。

クの間の水路は、すぐに「爆弾横町（ボム・アレイ）」と呼ばれるようになった。

シュトゥーカがトブルク守備部隊に対して、8カ月にわたる損失の多い爆撃作戦を開始した頃、一部の編制変えが行なわれた。枢軸軍がこの町の周囲の包囲線を閉じた日に、StG1の第7、第8両中隊の長距離型Ju87Rがシチリア島のトラーパニ基地を離れ、トリポリに移動した。ホッツェル少佐のI./StG1が、間もなくマリタ作戦に参加するためにリビアを離れることになっており、その跡を埋めるための移動だった。

このふたつの中隊は海洋につながるバックグラウンドがあるので（III./StG1の前身は、未完成で終わった空母グラーフ・ツェッペリンに配備するために新設された飛行隊（グルッペ）だった）、水上の目標が現れると常に、彼らに出撃が命じられたように思われる。7./StG1と8./StG1はエネッツェルス少佐のII./StG2（4月10日、ロンメルは3日にわたるトブルク守備部隊

に対する最初の攻撃を始めたが、その前日、この飛行隊は外周防御線を絨毯爆撃した)の基地、ダルナに移動し、4月12日に初出撃した。目標はトブルクに向かう1隻の輸送船であり、ある程度の距離海上に出ての攻撃だったが、まったく不成功に終わった。

この船名不明の輸送船に命中弾1発を与えたと報告されているが、この船は攻撃してきたシュトゥーカ編隊の1機を新兵器(?)によって撃墜することに成功していたのである。第7中隊の1機が船の後方300mのあたりの海面に墜落したのだが、これを目撃した僚機の乗員の報告によれば、この船はある種のロケットを発射し、その弾体から長いワイヤーを曳いた落下傘が吹き出されたというのである！　この日は視程不良だった。離陸の時はよかったのだが、シュトゥーカがダルナ基地にもどってきた時には激しい砂嵐のために見通しが悪くなっていた。砂嵐の中で2機が基地上空に入る前に不時着し、そのうちの1機は敵の戦線内に降りた。砂嵐は翌日の午後まで吹き荒れた。

このふたつの中隊の隊員はアフリカ到着後1週間もたたないうちに、欧州にはない種類の珍味のひとつにありついた。それは分捕り品の中にあったオーストラリアの果物の缶詰だった。砂嵐が収まる(乗員の中のひとりのおどけ者の言葉によれば、「砂漠が着陸する」)のを待っている間に缶詰の中身を食べたのだが、彼らは熱帯化改造を受けていない彼らの機の中から砂をすくい出すために、この缶が便利な道具になると気づいた。コクピットの中から砂をかき出すのは比較的楽な仕事だったが、エンジンは別物だった。パイロットたちはその後、数週間にわたって、ギヤボックスから歯ぎしりのような嫌な音が聞こえた

1941年4月、トブルク爆撃作戦の初期、任務の帰途、海岸線を越えてデルナ基地に向かうⅢ./StG1の3機編隊。

1枚の写真からさまざまなことを読み取れる場合があり、これもその例のひとつである。乗員は右主翼の下のデッキチェアでくつろぎ、次の出撃を待っている。彼らの乗機は次のトブルク攻撃のために爆弾を搭載積みであり、長距離用の増槽タンクも翼の下に転がしてある。これは出撃直前に作戦が変更され、長距離洋上飛行が必要な目標の攻撃が命じられるかもしれないからである。日中の強い日差しの熱を防ぐために、タイヤには日覆いがかけられている。脚柱とスパッツの後部が明るい色に塗り変えられている点にもご注目(カラー塗装図5を参照)。

シュトゥーカの猛爆撃を受けているピラストリノ要塞。これはトブルクの内側防衛線内の主要防御陣地のひとつである。画面上方には爆撃を終わったJu87が1機写っている。

目標が姿を消していたので、彼らは爆弾をもったまま帰還した。マールケが司令部に提出した戦闘報告の一部を引用してみよう。

「1105時、約8500トンの軍艦、または武装商船──おそらく旧式砲塔艦──をサルーム湾の北東で撃沈した。我が方の損害なし」

Ⅲ./StG1の「獲物」の艦名や所属はいまだに謎である。第一次大戦以来の時代物の砲塔艦テラーは2カ月近く前にダルナの沖合で沈没しているからである。その上に、テラーは前甲板に38cm砲連装1基を装備しているだけだった。最も可能性が高いのは、この水域で数多く行動していた砲塔2基の河用砲艦だが、この日に損失は記録されていない。しかし、撃沈されたのは何であったにしても、陸軍が通報してきた「戦艦」は、さまざまな可能性を考え合わせてみると、625トン程度、大型トローラー船のサイズの船だったと思われる。

ふたつの飛行隊はその後もトブルクと周辺に対する爆撃を重ねた。この作戦行動を続ける中で、飛行隊長として先任のエネッツェルス少佐はマールケ大尉の第Ⅲ飛行隊が2個中隊だけで戦っている状態を見て、この戦線にきていない第9中隊の代わりに兵力不足の第96飛行隊のピッキアテリを臨時に指揮下

西部砂漠戦線の戦いの初期、ドイツ・イタリア両空軍が協同して戦ったことを示すための見本の写真。イタリア空軍のJu87の左主翼にはドイツ空軍の標識を塗り消した跡がはっきり見える。

に置くようにしてはどうかと大尉に「示唆」してみた。しかし、初めのうち、この独・伊協同の作戦行動は計画通りにはうまく行かなかった。英軍の砲兵陣地を爆撃した後、マールケは浅い角度で上昇に移り、いつものように後続の機が追いついて編隊を組みやすくするためにジグザグのコースを取った。しかし、イタリア機の姿はあたりに見えなかった。

「すでに傾いてる陽の光の中で、西の方の遠い遠い所、遙かに高い高度に、私はやっといくつか小さな点々を見つけた。我々の仲間のピッキアテリだ！ しかし、私は我々の後方に続いて急降下し、高度500mで投弾するように彼らに命じておいたので、その通りにしたのであれば、彼らがあのような位置にいるはずがない。おそらく彼らは2000mで投弾し、そこから上昇して行ったのだ。それではまったく役に立たない！」

次の出撃の時には、マールケは明確に指示を与えた。

「攻撃の隊列は本部小隊――第7中隊――ピッキアテリ――第8中隊の順。高度300mで投弾。トブルクの上空を低い高度で北へ飛んで離脱。海上に出てから編隊を元のように組み、対空砲火の圏外に出てから西へ転針する」

ドイツのふたつの中隊の間でサンドイッチにされたピッキアテリは完全に命令通りに任務を遂行した。アフリカ地区航空部隊の司令部でのディブリーフィングの際に、マールケはイタリアの編隊長にお祝いをいう機会を待っていた。しかし、彼にはそのチャンスはなかった。相手の方が大仰な身振り手振とともに大声でしゃべり始めたのである。通訳も付いて行けないほどの速口が流れ続けた。「素晴らしかった。今日の攻撃では、我々は初めて目標をはっきり視認し、投弾を命中させることができた。急降下爆撃をどのようにやるべきか、やっと今日になって理解した。これまで、この飛行隊のように我々にこれを十分に説明し、このように実地で示してくれる者は誰もいなかった！」。グラーツ-タレルホフで行われた最初のふたつのグループの訓練はうまく行ったが、それ以降のグループの転換訓練はどこか不十分になっていたようである。

右頁下●……髭剃り道具や洗面用具を並べる棚にもなったし……

救命胴衣を着けたままのⅢ./StG1の乗員たち。彼らの乗機、「J9+MH」の重大な損傷を点検している。彼らは危険な損傷を受けた機で、なんとか基地まで飛び続けた。エンジンカウリングに見える白い斜めの線は「リー・オン・ソレント」という文字である──この飛行隊では、以前の華々しい作戦の地名を機名にする例が珍しくなかった。

シュトゥーカは種々な用途で役に立つ飛行機だった。たとえば野外での着替えの時の風避けにもなった……

　4月の末までには、トブルク周辺に配備されていた戦闘機は最後の1機までエジプトに引き揚げた。このため、この地区の防空は守備部隊の対空砲のみに頼ることになった。この時期の装備は重高射砲（90mmまたはそれ以上）28門、40mmボフォース高射機関砲17基を含めて88基であり、大半はイタリア軍の20mmブレダ高射機関砲だった。幸いなことに、5月の初めになって守備部隊は、地上戦と対空攻撃の両面で枢軸軍の圧力がやや軽くなったことに気づいた。これはⅢ./StG1がトラーパニ基地に引き揚げ、その後、クレタ島攻略作戦に参加するためにギリシャに移動した時期と重なっている。この転出の跡はⅡ./StG1が臨時に派遣されて埋めたが、この隊がリビアで行動したのはⅠ./StG1がバルカン半島からもどってくるまでの3週間足らずに過ぎなかった。

　StG1の中で最初にリビアにもどった第3中隊は5月19日に到着したが、本部小隊と他の2個中隊は途中で短期間サルデーニャに留まり、6月に入ってから北アフリカに復帰した。一方、5月12日のシュトゥーカのトブルク空襲──Ⅱ./StG2の行動と思われる──では、小型の河用砲艦1隻が撃沈された。この艦、レディバード（645トン）は着底したが、甲板は水面上に出ていたので、艦橋の下の7.6cm両用砲と艦首のポムポム砲（40mm連装機関砲）に砲員を配置し、港の直接防空の任務を続けた。

　アルバニアとギリシャ本土での戦闘が終結すると、ふたつの急降下爆撃機の部隊がほかの戦線へ転用できるようになった。イタリア空軍の第101飛行隊はアルバニアの基地からシチリア島ゲルビニ基地に移動し、その年一杯、そこからマルタ島に対

……そして、もっと基本的な用途にも役立った。でも、それをするのはまずいよ。この機はJu87Pじゃないんだぜ！
［訳注：著者は読者にpee（小便）を連想させるためにJu87Pと書いた］

離陸滑走スタート直前のI./StG3飛行隊長機。胴体の航空団コードの前の位置に、戦闘機部隊のスタイルの指揮官機シェヴロンが描かれている。

する断続的な夜間攻撃を続けた。第97飛行隊のピッキアテリはイタリア半島の踵の部分のレッチェから、地中海を越えて北アフリカへ進出した。

第97は早速、彼らがケルキラ周辺の海面で完成の域に仕上げた「艦船爆破（シップ・バースティング）」の戦術を使って、活動を開始した。5月25日、彼らは3741トンの油槽船ヘルカ——アレクサンドリアからトブルクの守備部隊に補給する石油を輸送していた——を撃沈した。同時に、その船の護衛に当たっていたスループ艦、990トンのグリムスビーに損傷を与えた（その後、同日のうちに、3./StG1のJu87の攻撃を受けて沈没した）。6月の半ばに英軍はエジプトからトブルクへ陸路西へ進もうと試み、リビアとの国境線の東西で数日の激戦が発生した。I./StG1とII./StG2はこの戦闘の航空

下2葉●爆弾を搭載したこれらのシュトゥーカの写真は、異なったカモフラージュのパターンを示していて興味深い。破片爆弾8発を左右の翼各々の下面に搭載している。「HK」（上の写真）は全体がタン（黄褐色）塗装である。もっと普通のパターンで50kg爆弾2発を両翼各々の下面に搭載している左側の写真の機は、タン塗装に不規則な斑点が加えられている。胴体の部隊・機体コードは書かれていないが、方向舵の頂部には製造番号が見える。

第四章●北アフリカ戦線

このII./StG2のJu87B-2 tropはヨーロッパの暗いグリーン塗装のままである。彼らは基地とトブルクの間の往復を繰り返したのだが、写真に写っているような海岸線沿いに飛ぶので、地図の必要はなかった。

支援に当たり、第97飛行隊もそれに協同した。英軍の後退でこの戦闘が終結した後、これらのJu87の部隊は、英国海軍の沿岸戦隊の行動とトブルクへの海路補給の制圧に力を傾けた。

　この海路補給は英雄的な物語そのものだった。それはトブルクが包囲された時に始まった。初めのうちに試みた商船による昼間の補給輸送は、不可能とはいえないにしても、このやり方で継続するのは危険が高いと判断された。船団の護衛の任務にも当たる海軍籍の武装商船フィオナ（2200トン）とチャクラ（3100トン）は、4月のうちに急降下爆撃機によって撃沈されたが、多数の同様な損害のふたつの例に過ぎなかった。商船に代わって補給輸送の任務に当てられたのは、さまざまな任務に酷使されている地中海艦隊の駆逐艦であり、アレクサンドリアからトブルクへ定期的な夜間輸送──「ヤバいレース（スパッド・ラン）」と乗組員は呼んだ──が開始された。しかし、彼らはよく晴れて、月が輝いている危険な夜にもこの任務につかねばならなかった。

　6月24日にはトブルクの沖でスループ艦オークランド（1250トン）が、急降下爆撃によって撃沈された。その5日後、サルーム沖合いの薄暮の海上に延びていた航跡によって、旧式駆逐艦ウォーターヘン（1100トン）とディフェンダー（778トン）が第239飛行隊の7機のピッキアテリに発見された。7機の先頭に立っていたジュゼッペ・チェンニは、ただちにいつもの低空攻撃の「手法」を採り、先頭の駆逐艦の中央部の側面に直撃弾を叩き込んだ。オーストラリア海軍のウォーターヘンはすぐに沈没することはなかったが、その翌朝の早い時刻に転覆した。

　それから間もなく、「密猟者」が一転して「猟場の番人」の立場に立つことになった。第239飛行隊は休養と戦力回復のためにベンガジに後退し、そこでキレナイカ沿岸の枢軸国の補給水路での船団護衛と対潜水艦パトロールの任務についたのである。彼らは7月30日、浮上していた英国の潜水艦カチャロット（1520トン）に対する奇襲に成功し、大きな損傷を与えた。この艦は潜航不能に陥り、その後、イタリアの駆逐艦の体当たりを受けて沈没した。

「スパッド・ラン」の任務につく駆逐艦を補うために、英国海軍は低速で運動性がよくない「A」級と「D」級の艀をトブルクに向けて送り出した。これらの初期の上陸作戦用舟艇（その後、大戦中に新たな呼称、LCTとLCM——タンク揚陸艇と中型揚陸艇の略——によって広く知られるようになった）も、急降下爆撃機の攻撃によって大きな損害を被った。それに加えて、一群のトロール漁船、スクーナー（2〜3檣帆船）、ラガー（小型帆船）も輸送に動員された。これらの舟は夜明け前にトブルクに到着し、昼間のうちに港内に着底している多数の船の陰に退避して積荷を下ろし、夜になって出港した。

このような小型船の中で最も有名になったのは、イタリア人から分捕った400トンのスクーナー、マリア・ジョヴァンナだった。船長になったのはオーストラリア海軍の予備少尉、アルフレッド・パーマーという男で、誰もが彼を「ペドラー」（行商人）と呼んでいた。彼は海岸沿いの道路を走る敵の輸送隊列のトラックのヘッドライトを頼りに航海することができると誇っていたが、その彼でさえも、トブルクの港口を示す緑色の淡い灯火が見えると安心した気持になると認めていた。やがて、「ペドラー」のトブルクの往復の航行が突然終わりとなる日がきた。しかし、それはシュトゥーカの攻撃を受けたためではなく、もっと陰険な策略に乗せられたためだった。敵軍がこっそりと港口より手前に偽の緑色の灯火を取りつけ、彼はまんまとそれらに引っかけられ、船が座礁したのである。ドイツ軍の兵士たちが彼を捕らえようとして現場に急行した時、「ペドラー」以下の乗組員全員が肩まで水に漬かって、必死になってマリア・ジョヴァンナを離礁させようと頑張っていたといわれている。

上と中●トブルクの海岸沿いの地区は、この日も、かん高い爆音を響かせて降下してくるシュトゥーカの強烈なパンチを受けた。

このような補給をめぐる戦いが続く一方で、II./StG2と新たにこの戦線に復帰したI./StG1はトブルク周辺の防御体制に強圧をかけ続けた。この都市の周辺に戦闘機の配備はなくなっていたので、今やほぼ全面的に急降下爆撃機と対空砲部隊の直接対決になった。この時期の攻撃の回数と激しさは、包囲戦初期の数週間の連日の攻撃と同じではなかったが、それでもシュトゥーカの乗員の損耗は着実に続いた。その理由は、毎日のように守備部隊に送り込まれ

る対空火器の数の増大だけではなく、対空砲部隊が戦術を改良して行ったためである。たとえば、対空砲火の集中空域を港の上空の特定の高度に集中する従来の戦術に代って、対空砲部隊は「ベルトの厚さ」を増する戦術を採った。高度1000m以上、もっと高い上限まで砲火を撃ち上げるようにしたのである。この変更によって、Ju87は降下の途中で以前より長い時間、対空砲火の弾幕を通らなければならなくなった。シュトゥーカは対空砲火集中空域の外縁沿いに飛び、そのすぐ下側に滑り込んで急降下に入る戦術を採ったが、これに対応するために対空砲部隊は弾幕の外縁を左右に拡げたり縮めたりするようにした。この新戦術の結果、シュトゥーカのパイロットがうまく弾幕の外側で急降下に入ったつもりでも、すぐに彼の降下コースの前に炸裂煙が濃密に拡がることになった。Ju87の乗員たちは英軍のこの戦術の「改良」を敵の弱味の現れと誤って理解した。「彼らの腕前は大分下がっていて、弾幕の縁のあたりは砲弾がばらばらに撃ち上げられている」というコメントもあった。

　8月の末近くに、ヴァルター・ジーゲル中佐のStG3本部がギリシャからリビアに到着し、砂漠戦域のふたつのシュトゥーカ飛行隊──Ⅰ./StG1は元のままのダルナ基地、Ⅱ./StG2はいくらかトブルクに近いトゥミミに移動していた（5月下旬にⅡ./StG2がカルパトス攻撃から引き揚げて行く空母フォーミダブルを発見し、攻撃した時の基地もトゥミミだった）──の指揮をとることになった。8月29日、本部のBf110がトブルクの防御状況を偵察するために出撃し、帰還しなかった（英軍は「ばらばらに」撃っているのではなかったことの結果である）が、幸いなことに航空団司令はその機に乗っていなかった。

　StG3本部は9月14日にも1機を失った。Ju87がトブルクの東50kmのガンブトに着陸する時に撃墜されたのである。しかし、この日、Ju87の部隊がもっと大きな打撃を受ける事態が、もっと東の方、エジプトの上空で発生した。枢軸軍のシーディ・バラーニに対する偵察攻撃の掩護に当たるため、第209中隊のピッキアテリ12機が出撃したが、護衛のBf109と離れ、編隊の位置も見失って、燃料切れに陥った10機が砂漠地帯西部に点々と不時着したのである。乗員8組が英軍の捕虜になり、少なくともJu87 1機が国境の近く、フォート・マッダレーナの周辺に完全な状態で不時着しているという話がすぐに拡がった。

　英国空軍の2名の将校が、この機の捜索に出かけること──そして、できればそれを飛ばして帰ってくること──の許可を得た。最初の日は空中からの捜索であり、タラタの近くで裏返しの状態の1機を発見しただけで終わった。次の日は、有名なフザール連隊（軽騎兵連隊。彼らは一晩、この連隊のゲストとして泊めてもらった）が好意で提供してくれたトラックに乗って、捜索を続けた。この日は幸運に恵まれ、固い砂地の拡がりに爆弾を懸架したままの状態で停っているユンカースを発見した。若い陸軍の将校が、これは俺のものだという風な得意気な顔で機体にもたれかかっていたが、喜んでこれを2人に引き渡してくれた。

　新しいオーナー2人の前には問題が3つあった──機体のどこかにブービー・トラップ（仕掛け爆弾）が取りつけられていないだろうか？──爆弾をどうやって弾架から外すか？──どうすれば、この機を再び飛ばすことができるか？──すべての計器と操縦装置の表示は元々のドイツ語のままだった。問題解決の第1は機体の中を丹念に点検することであり、第2は爆弾投下のレバーを引いてみることだった──これは最後まで恐怖で一杯の作業だった。3番目の問題については試行錯誤以外に方法はなかった。空軍将校2人はもってきてい

地中海戦域のシュトゥーカ隊のリーダー2人──ヴァルター・エネッツェルス少佐はⅡ./StG2（後にⅢ./StG3と改称）の指揮官として、砂漠作戦のほぼ全体にわたって戦った……

……そして、ヴァルター・ジーゲル中佐はⅠ./StG3の飛行隊長だったが、1942年4月にStG3司令に昇進し、この航空団の北アフリカ戦線配備期間の最後の12カ月にわたって指揮をとった。

た航空燃料55リッターをこの機のタンクに入れ、ご親切なフザールが提供してくれた通常のガソリン90リッターをそれに加えてエンジンを始動させると、スムースに回転し始めた。夕暮れに近かったが、彼らは離陸して北東の針路を取った。

ユンカースは巡航速度で安定的に15分ほど飛んだが、そこで何の予兆もなく突然にエンジンが停止し、地面に向かって滑空して行った。パイロットは何とか砂漠の荒地に機を着陸させ、一方のタイヤがパンクした以外には損傷は増えずに済んだ。わずかばかりの間に合わせの修理の後、ふたりは再び離陸した。しかし、この飛行は前の回より短く終わった。油圧計が爆発し、噴き出した油圧液でパイロットは一瞬前方が見えなくなった。それでも彼は何とか着陸することができたが、今度はもう一方のタイヤがパンクしてしまった。

2人はイタリア軍の落下傘にくるまり、ユンカースの翼の下で夜を過ごし、翌朝、シーディ・バラーニ――ざっと65kmの距離だと彼らは推測した――まで歩いて行こうと心を決めた。自分たちの宝物が誰にどんなことをされるか分からないまま、それを置き去りにするのは心残りだったので、出発する前に地面にメッセージを書き残した。

「このJu87は英国空軍の所有物である。手を触れることを禁じる。ボウマン空軍中佐とロジアー空軍少佐の両名、1941年9月19日早朝、徒歩で北へ向かう」

15kmほど歩いた所で、彼らは南アフリカ軍の将校と出会い、彼は部隊のキ

上2葉●9月14日に発生したピッキアテリ10機損失のうちの2機。激しく破損している。製造番号5794の乗員は徒歩でリビアへ向かったのだが、その前に機体に火を放ったと思われる。転覆した機(下段)は胴体下面の爆弾がそのまま残っている。英国空軍の将校2人がタフタで飛行可能な1機を発見したが、彼らがその機の修理のための部品を手に入れたのは、この転覆機からだったのかもしれない。

数々の試みと困難を経た後に、製造番号5763、機番18の機は無事に英国空軍の前線発着場に着陸した。

後方のもっと設備のよい飛行場に移され、「あたらしい所有者」のマーキングが描かれたピッキアテロ。人々の好奇心の的になった。

新旧両オーナーのマーキングが並んで描かれているが、スパッツに書かれた第209飛行隊の機番18はそのまま残されている。鹵獲直後の数ヵ月、この機を操縦したのはほぼ全部、イキンギ・マリュート飛行場の第39飛行隊のパイロットたちだった。英国空軍の下でこのシュトゥーカ（機体コードはHK827とされた）は3年間にわたり飛行可能状態だった。記録に残っている最後の飛行は1944年9月27日、場所はスエズ運河ゾーンのエル・バラー飛行場である。しかし、この機はその直後にスクラップにされた。主翼の構造材に腐食が発生したためである。最後の飛行の日付から見て、製造番号5763の本機が北アフリカに残った最後の飛行可能なJu87だったことはほぼ確かである。

ャンプでの朝食に2人を招待してくれた。その朝食の間に新しいプランが生まれた。転覆状態のユンカースを見つけたタラタのあたりに行き、破損した機体から油圧計と車輪を外して運び、前日に不時着した機を飛べるようにする——うまく行けばの話だが——というプランである。間もなく、前線地域の誰もが、このパイロット2人と分捕ったユンカースに関心をもっているかのような感じになった。戦車隊のひとりの将校が彼らにトラックを提供し、彼と空軍の技術整備員2名が同行することになった。おまけに髭を生やした若い英国海軍の駆逐艦の艦長もこの分捕り機回収に加わった。彼は休暇に入っていて、「そのあたりを見物してやろう」と西部砂漠地帯にやってきたところだった。

すべてのことが時計の動きのようにうまく進んだ。このチームは必要な部品を手に入れた。技術整備員は新しい油圧計を取りつけ、車輪を取り換え、エンジンを始動させた。駆逐艦長は休暇を素晴らしいものにするために、後部の機銃手の席に乗せて欲しいと頼んだ。しかし、最後にひとつ山場があった。彼らのJu87は低高度でいくつもの英軍の対空砲陣地の上を飛ぶはずである。そこにいる兵士たちは、このユンカースを英軍が手に入れ、短い時間のうちに飛べるようにした話をまだ聞いていないはずである。そして、兵士たちにとっては、主翼がW字型で固定脚の機はすべて敵のシュトゥーカなのである……どこかの

57

海軍士官が後席から身を乗り出し、髭の色よりも赤い顔になるまで力んで大声を張り上げ、ドイツ語でもイタリア語でもなく、英語だとはっきり分かる言葉で、「俺たちは味方だ！　俺たちに向かって撃つな！」と呼びかけてみたとしても、射撃を受ける危険性が低くなるはずがなかった。

　このエピソードが円満に終わった日から2カ月後、11月18日にオーチンレック将軍指揮下の英軍と英連邦軍は反撃作戦を開始した。この「クルセーダー」作戦——振子の西か東の振れの四度目——の目的は、その年の初めにウェーヴェルが枢軸国から奪取し、その後に取りもどされたリビアを再び奪取することだった。5週間の後、12月25日にオーチンレックはベンガジに入城し、押しもどされたロンメルは、3月下旬に開始した東進攻勢作戦の出発点だったエル・アゲイラに後退した。

　ちょうど、クルセーダー作戦が始まった頃、I./StG3がロードス島からリビアに到着した。比較的穏やかな地域である地中海東部と北アフリカとの戦況の相違はきわめて大きかった。クルセーダー作戦の初期は枢軸軍と連合軍の間で、地上でも空中でも同様に激烈で混乱にあふれた衝突が続いた。しかし、今や連合軍の戦闘機兵力が、この戦域では初めて、枢軸軍とほぼ対等になった。その状況の下では、Ju87の運命は明らかだった。3つのシュトゥーカ飛行隊は、空中では、敵の戦闘機に襲われ、基地では機銃掃射を受けて大きな損害を受けた。

　11月20日（クルセーダー作戦の3日目）の朝、I./StG1の12機編隊が襲われ、6機が撃墜または撃破された。その日の午後、18機——主にトゥミミ飛行場のII./StG2の機——がいくつかの基地で銃撃を受けた。その3日後、StG3の本部と第I飛行隊のJu87も損害のリストに加わった。その月の最後の日、連合軍の戦闘機隊はシュトゥーカの撃墜または不確実撃墜を報告し、12月4日にはさらに13機が同じ運命をたどった。そして、その後も損失は続いた。しかし、どの飛行隊もすでに兵力は半分以下に低下しており、この先、いつまで戦闘を続けることができるか不明だった。

　シュトゥーカの多くが目標上空に到達するのを阻止された（迎撃を受けると、止むを得ず途中で爆弾を投棄した）だけではなく、到達することができた場合でも攻撃の効果は以前より低かった。クルセーダー作戦に参加した部隊の多くは、以前に地中海の別の側でシュトゥーカの攻撃を体験していた。

　「この時、我々は急降下爆撃機をまったく別の角度から見ていた。ギリシャとクレタ島で戦っていた時は、誰もがシュトゥーカのことで頭が一杯だった。戦闘

どこかで戦闘が続き、この日もドイツ空軍のシュトゥーカの大編隊がアフリカ軍団のエジプトへの進撃を支援するために飛んでいる。

上と中● そのような出撃で墜落した機が発見されると、小細工を加えてプロパガンダ写真を作る材料になった。この墜落したシュトゥーカの残骸（すでに垂直尾翼のカギ十字のマークは、記念品漁りによって切り取られている）の機首の下に、ちょっと火を熾こし、「進撃してきた歩兵」を前景に置いて撮影すれば、快調に進む英軍の「反撃」の場面という嘘っぱちの写真ができあがる。

あいかわらず海岸線沿いに飛んで前線に向かうI./StG3のシュトゥーカ。

機の掩護はなく、兵士たちは塹壕や砲座の中で何時間も連続する急降下爆撃を受けた。ギリシャでは我々がシュトゥーカに撃ち返してみても、まったく意味がないという定説があったことを私は憶えている。Ju87はライフルや機関銃の弾丸を防ぐ装甲板を装着しているというのが、その理由とされていた。その結果、奴らはしたい放題に暴れまわり、兵士たちは頭を低く下げて塹壕の中に潜み、その間、戦闘能力はゼロになった。

「しかし、砂漠の戦線では状況が一変した。ここではスペースが十分にあり、車両も適切に分散しておけば、急降下爆撃機が狙う目標は戦車やトラック1両のサイズに限られ、爆弾が目標から外れても別の重要なものに命中する恐れはなかった。そして、急降下爆撃は実際の危険性より、恐怖感を振り撒く効果の方がはるかに高いということに我々は気づいた。それに気づくとすぐに、怖れる気持も薄らいだ。

「この気持の変化によって、兵士たちは立ち上がって、シュトゥーカに撃ち返す勇気をもつようになった。そして、彼らを対空射撃によって撃墜できることも知った。ある時、我々は25機のシュトゥーカによって10分間攻撃されたが、損害は1名が足に負傷しただけだった。我々の試算では、この足の負傷を与えるためにヒット

ほぼまちがいなくこの砂漠戦域で最もよく知られた——そして最も多く撮影された——シュトゥーカは、このI./StG1のJu87R「A5+HL」である。爆弾を満載し、次の出撃命令を待っている……

……1941年の末、ドイツ軍が撤退した後の飛行場に到着した英軍部隊が、破損して遺棄された惨めな姿の'HL'を発見した。

「HL」は尾部と主翼を取り外され、プロペラは切断され、廃棄機材ダンプに放り出されて一生を終えた。左後方には元の友と敵、マッキMC.200とハリケーンも同様に捨てられている。「ハンス・フッケバイン」（カウリングに描かれた急降下している漫画の鳥）は、記念品漁りに狙われたようで、外板が切り取られかけている。

ラーは5万ポンドの費用をかけたはずである。

「もうひとつ、リビアの戦線がギリシャやクレタと違っている点があった。この戦線では我々が制空権を握っていて、急降下爆撃機は高速の戦闘機の攻撃を受けて生き残るチャンスはあまりなかった。このため、ドイツ軍はシュトゥーカを慎重に使うようになり、出撃の回数は減った。この作戦の全期間を通じて、急降下爆撃を二、三度以上も受けた者は数少ない」

1941年12月7日、トブルクは8カ月にわたる包囲から最終的に解放された。砂漠地帯西部でのこの栄光ある勝利の日は、同じ日に、地球の裏側で起きた「卑劣な奇襲の日」ザ・デイ・オブ・インファミー——日本海軍の真珠湾攻撃——が世界中の人々の注目を浴びたために、歴史の上で影が薄い出来事になった。そして、シュトゥーカの猛爆撃に耐えて3日間戦ったメタクサ・ラインの守備部隊の場合とは違って、トブルクの守備部隊はヒットラーの渋々ながらの褒め言葉を与えられることはな

左の端に座っている将校はⅡ./StG2のフーベルト・ペルツ少尉。彼の乗機は砂漠戦域で最も華々しい塗装──胴体に大きく蛇が描かれていた──で知られていた（カラー塗装図11として掲載されている）。これは1941年12月、ガイスラー空軍大将がトゥミミ飛行場のⅡ./StG2を訪問した時の写真である。

中2葉●あまりきれいに撮れてはいないが、この写真によって、ペルツの大蛇のモティーフの塗装が少なくともふたつはあったことがはっきりわかる。

「おい、カウボーイ、しっかり馬にのれよ！」。この2./StG3のシュトゥーカは離陸滑走の途中で機首を地面に突っ込んでしまったと思われる。なんとか尾輪が地面についた姿勢にもどそうと、整備員たちが作業している場面。爆弾は全部装備されたまま（翼の下面に見えている）であることに注目されたい。

左と下●このように廃棄機材ダンプで最後の日を迎えるシュトゥーカは増え続け、その残骸は前進してくる英軍部隊の目にさらされた。下の段の写真では、主翼と尾翼を切り落としたシュトゥーカの胴体の列の向こう側に、エンジン無しの状態のメッサーシュミットBf109の列が見える。

かった。しかし、彼らはゲッベルス博士の宣伝機関が彼らにつけてくれたあだ名で満足していた。「トブルクのねずみども」というあだ名にはどこか褒め言葉につながるようなものがあると、彼らは感じたのである。

　トブルク周辺でのドイツ軍の敗退から、北アフリカでのシュトゥーカの威力は下り坂に入った。敵の戦闘機の兵力の増大に伴って、シュトゥーカにとっては、「英国本土航空戦」の状況が再現される恐れが高まった。しかし、そうなった場合に、キレナイカを西に向かって後退して行くシュトゥーカ3個飛行隊にとっては、もっと大きなマイナスの条件があった。1940年の欧州西部では、英国海峡を西に越えて大陸側の基地に帰還して態勢を立て直すことができたが、1941年の北アフリカにはそのような安全地帯はなかった。この3個飛行隊は

英軍部隊が占領した飛行場に遺棄されていた多数のシュトゥーカのほかに、戦線の背後に不時着せねばならなかったJu87もあった。気落ちした感じの乗員2人が、当惑したような表情のローデシア陸軍軍曹に降服しようとしている。

部隊呼称の変更と装備改変を受けて、ドイツ軍のアフリカ軍団が最終的に戦闘を停止するまで戦い続けた。そして、その3年半後に枢軸軍全体が地中海戦域で降伏するまで、シュトゥーカの活動は続いた。ドイツ軍のトブルク外周からの撤退の後の時期、局地的な作戦成功はあったが、全体的にはユンカース急降下爆撃機の部隊の戦闘効果は着実に低下して行った。戦闘爆撃機の活動の拡大によって影が薄くなり、数の上で優勢な敵に圧倒されたためである。

　新年の最初の戦闘には、近い将来の予兆が現れた。1942年1月1日、16機のシュトゥーカの編隊がアゲタビアの南東でオーストラリア空軍のキティホークに襲われた。ただちに爆弾を投棄し、防御円陣旋回に入ったが、シュトゥーカの半数近くが撃墜されたり被弾したりした。その2週間後、砂漠戦線のシュトゥーカ隊の形式的な部隊組織変更が実施された。I./StG1とII./StG2が正式にStG3 (ジーゲル中佐のこの部隊はそれまで1個飛行隊だけの航空団だった)に編入され、各々II./StG3とIII./StG3となった。

　「新しい」StG3はただちに、ロンメルが開始した奇襲反撃作戦の支援の任務についた。策略家である「砂漠の狐」はクルセーダー作戦での英軍の前進 (スタートは緩い速度だったが、ダルナからベンガジまでの400kmは5日間で急進撃した) より前に部隊を後退させておいて、1月21日にエル・アゲイラの北で突然反撃に転じた。8日後にはベンガジを再占領し (このキレナイカの首都の支配権の戦闘による交替は、1941年初め以来四度目だった)、彼の機甲部隊は再びエジプトに向かって前進を開始した。この回の侵攻作戦ではエジプトに深く侵入し、アレクサンドリアへ100kmの地区まで前進したが、7月初めに沿岸鉄道の小駅のあるエル・アラメインの周辺で英軍の強い抵抗を受けて最終的に停止した。

1月下旬に始まった反撃作戦の初期には敵の混乱に乗じ、StG3はロンメルの先頭部隊の前方に出撃し、退却する敵の隊列を攻撃し、その後方の補給線の遮断に努めた。数週間のうちに、彼らはトブルクの上空に再び出撃するようになり、損害が再び増大し始め、3月27日には騎士十字章受勲者、I./StG3飛行隊長ヘルムート・ナウマン大尉がこの空域の戦闘で重傷を負った。

　StG3の第I、第II飛行隊はトブルク周辺の砂漠地帯と港湾内外の船舶に対する攻撃に激しく出撃を続けたが、エネッツェルス少佐の第III飛行隊は地中海を越えてイタリア南東部のサン・パンクラツィオに引き揚げ、性能を高めた新型機、Ju87D、通称「ドーラ」に機種改変した。この飛行隊は改変終了後もリビアには復帰せずシチリア島の基地に配備され、第II航空軍団の指揮下に置かれて、改めて強化・再開されたマルタ島に対する航空攻撃に参加した。マルタ島は1941年の後半の大部分にわたって、第101飛行隊（グルッポ）のピッキアテリの散発的な夜間爆撃を受けていたが、マルタの戦力は段々に増大して行った。それがロンメルのアフリカ軍団への海路補給線にとっての脅威となったので、新たな攻撃が開始されたのである。

　1942年の航空攻勢の主力は枢軸側の爆撃機部隊だった。マルタにはスピットファイアが配備されていたにもかかわらず、ドイツとイタリアの急降下爆撃機部隊もこの作戦に投入された。3月24日のIII./StG3のハル・ファー飛行場爆撃は、8週間にわたる集中的な作戦の第一撃だった。この飛行隊はやはり損害を免れることはできなかったが、いくつか戦果をあげることができた。その中で特に目立っているのはグランド・ハーバーに入港している艦艇に対する戦果だった。4月1日、補給潜水艦パンドラ（1475トン）を直撃弾2発によって撃沈し、至近弾数発によって小型潜水艦P36を浸水沈没させた。その4日後、ドックに入っていた駆逐艦ランス（1920トン）とガラント（1335トン）に修復不能の大損害を与えた。4月11日には3隻目の駆逐艦、キングストン（1690トン）をドック内で破壊した。5月の半ばまでに第III

手を振って見送る戦友たちの列の前で、出撃準備を整えるピッキアテロの「4号機」。今日も目標はマルタ島だ。

1942年中、StG3の部隊もマルタ島攻撃作戦に当たった。精力的に方々の部隊視察にまわるガイスラー空軍大将の前に整列した第I飛行隊のパイロットたち。場所はシチリア島のどこかの飛行場――背景から考えるとトラーパニである可能性が高い。

飛行隊の兵力はほぼ半分に減少していた。残った機は、最初の攻撃と同じ目標、ハル・ファー飛行場を5月13日に攻撃した後、マルタ島攻撃の任務から離れ、翌週に北アフリカのビル・エル・ハニアに復帰した。

　Ⅲ./StG3がアフリカへ出発してから10日後、5月28日、ピッキアテリが再びマルタ上空に現れた。第239中隊の4機が夜間に島の飛行場を爆撃したのである。次の夜は第209中隊の4機が出撃した。これらのふたつの中隊は以前、第97飛行隊として戦っていたことがあったが、再び一緒に集めて第102飛行隊が新編され、実力派のジュゼッペ・チェンニが飛行隊長に任じられた。それから6カ月にわたって、それ以前の第101飛行隊と同様に、第102はマルタ島に対して夜間の撹乱攻撃を続けた。そして、その後に2回発生した船団攻撃作戦では、StG3と協同して戦闘に参加した。

　一方、砂漠ではロンメルの砂漠軍団は、緩い速度ながら着実に東へ前進した。彼らは2月の半ばにダルナの飛行場を奪取し、シュトゥーカはそこに前進した。5月半ばまでに機甲部隊の先頭は英軍のガザラ・ラインに「衝突」した。この防御線は――もっと正確にいうと、強力に構築された「ボックス」(方形陣地)が点々と連なる線であり、各々が鉄条網と奥行きの深い地雷原で囲まれていた――地中海岸のエル・ガザラから南東へ砂漠を横切って55km近く延び、昔の砂漠の砦、ビール・ハケイムまで繋がっていた。これは枢軸軍の東進を阻止するために新たに構築されたものである。ドイツ空軍のある報道班員が、そのような「ボックス」のひとつに対するシュトゥーカの攻撃の場面をカラフルに描いている。

　「幅の狭い両軍前線間の無人地帯を越え、我々は敵地上空に入った。目標がはるか下の方に見えた。大きな四角の区画の中に少なくとも200両の英軍の車両が集結していて、周囲には多数の対空砲陣地が並んでいた。

　「我々はまだ彼らの頭上、数千メートルの高さにいたのだが、高射砲はすでに射撃を開始していた。編隊の全機は間隔を拡げ、『対空砲ワルツ』を始めた。我々を狙って撃ち上げられる怖ろしい綿毛のような炸裂煙を避けて飛ぶのである。

　「1番機が恐ろしい谷間へ急降下し始め、全機が次々にそれに続いた。火焔がほとばしり、車両が爆発を起こし、対空砲は沈黙した。破壊の狼煙のように、渦巻く砂塵の中から黒煙の柱が立ち昇った。見る間にすべてが終わった。後は基地に帰って、同じことの繰り返しを始めるのだ。一日のうちに何度も同じ手順――離陸、目標に向かって急降下、投弾、着陸、燃料と爆弾搭載、再び離陸――を繰り返す……敵の対空砲火は段々に弱まって行く。我々の中隊の小隊編隊は全部無事で、血の色のように赤いボールが遠くの砂の海に沈んで行く頃に、今日の最後の回の着陸を終わった」

　このような物語風の記述は国内の読者を安心させる効果があったかもしれないが、現実の戦闘との相違は大きかった。地上部隊がこの防御線

ドイツ空軍の報道班員――右腕に袖章が見える――がStG3のシュトゥーカに乗って出撃する前、パイロットと乗機の前に並んでいる(胴体下部の足掛けの先の地面に爆弾が置かれている)。カポックの救命胴衣を来ているので、洋上飛行の出撃らしく、パイロットはそれがあまり嬉しくないような顔つきである――それとも陽がまぶしくて目を細めているだけなのかな？

ヴァルター・ジーゲル中佐の航空団本部所属のJu87D「S7+AA」。背景はまぎれもないシワ・オアシスの開拓集落である。シワはカッターラ低地の南西の端にあり、1942年7月から11月にかけての4カ月ほどの間、枢軸軍が占拠していた。

に対する攻撃を開始した5月26日、少なくとも3機のシュトゥーカが対空砲火によって撃墜され、北アフリカ戦線に復帰したばかりの第III飛行隊の1機も含まれていた。しかし、ガザラ・ラインの南端ではこの戦線のシュトゥーカの最後の勝利が展開された。ケイニーグ将軍指揮下の自由フランス軍が守備するビール・ハケイム要塞は、14日にわたって急降下爆撃機隊、砲兵隊、戦車隊の激しい砲爆撃に曝された。孤立状態になったが、自由フランス軍は降服せず、生存者は6月10日まで陣地を守り続けた後に命令を受け、戦いながら英軍の戦線まで撤退した。

これは北アフリカにおいてJu87が決定的な役割を荷う状況展開になった最後の戦闘だった。しかし、この成功にも犠牲が伴っていた。ビール・ハケイム上空でのStG3の多数の損失の中には、騎士十字章受勲者、第I飛行隊長ハインリヒ・エッペン大尉も含まれていた。6月4日に南アフリカのトマホークに撃墜されたのである。

ビール・ハケイム占領の72時間後、シュトゥーカの活動の場面は海上に移った。アレクサンドリアからマルタへの補給輸送、「ヴィガラス」作戦の護送船団が目標だった。6月13日、II./StG3——この隊もすでにJu87Dに装備転換していた——はダルナから出撃した。Ju88の編隊と並んで飛んだ第II飛行隊は、前日の航空攻撃で損傷してトブルクに避退しようとしていた商船、シティ・オブ・カルカッタ（8063トン）を発見して撃沈したが、護衛の駆逐艦2隻の対空砲火によって2機——第6中隊長アントーン・オストラー中尉の乗機を含む——を喪った。

その翌日、第102飛行隊のピッキアテリ17機が船団自体を攻撃したが、戦果はなかった。III./StG3も船団を攻撃したが、同様な結果であり、2機を失った。6月15日の戦闘の状況は一変し、StG3の第II、第III飛行隊が多数の編隊による激しい波状攻撃を加えた。損傷を受けた艦船は旧式戦艦センチュリオン（2万6600トン。無線操縦の標的艦に改造されていたが、本物の戦艦に見せかけるために船団に加えられた）、軽巡洋艦アレスーサ（5220トン）とバーミンガム（9100トン）、駆逐艦エアデール（1050トン）とネスター（1690トン。いずれも撃沈処分された）、輸送船3隻（放棄された）にのぼった。この大きな損害を被った上に、戦艦を含むイタリア艦隊が洋上に出撃したことが確認されたために、

船団はアレクサンドリアに向かって引き帰した。

ヴィガラス船団から落伍して、うまくトブルクに避難することができた艦船があったとすれば、そこで乗組員は大きなショックを受けることになったはずである。ガザラ・ラインを突破したロンメルの部隊は、6月19日にこの都市の外周防御線に迫り、20日に総攻撃を開始して、21日にはトブルクを陥落させたのである。

前年には8カ月もの攻囲戦に耐えたこの都市が、24時間の攻撃によって陥落したことについて、連合軍の中では激しい責任のなすり合いが繰り拡げられたが、その間にロンメルはエジプトに侵入して行った。7月1日、彼はエル・アラメイン周辺に展開された連合軍の防御線に対する攻撃を開始した。しかし、アラメインはガザラとは異っていた。地中海沿岸のエル・アラメインから南へ延びる防御線はガザラ・ラインよりやや長いだけだったが、その南の端は広い砂漠の中の昔の砦ではなく、カッターラ低地の縁につながっていた。この盆地は砂漠の中に250kmにわたって延び、海面高より低い部分が多く、表面は軟らかくて装甲車両の重量を支えることができなかった。ガザラと異って敵に迂回突破を許さない点が有利だった。そして、新たな司令官、バーナード・モントゴメリー中将——彼はこれ以上一歩も退かないと決意していた——の下で、これまで何度も後退を重ねていた英第8軍はここで踏み留まった。

それから4カ月近く、両軍は対峙し、相手に決定的な打撃を与えるために戦力を拡大することに努めた。このため英軍の側は単にマルタ島維持のための補給を続けるだけではなく、ロンメルのアフリカ軍団に対する地中海横断の補給路を強く圧迫するために、補給を増強してマルタの航空戦力を強化するこ

この8./StG3の「ドーラ」(D型の愛称)は11月1日、敵戦闘機の攻撃を受け、英軍の戦線内に不時着して、負傷した乗員2名は捕虜になった。キャノピーの最後部が外れて落ち、尾部の影の中にころがっている。画面左側の地平線のあたりに煙が見え、戦闘中と思われる。

とが必要となった。この補給作戦、コード名「ペデスタル」のために商船14隻を主体とした護衛船団が編成され、ヴィガラス作戦とは逆にジブラルタル海峡から地中海を東に向かった。支援に当たるのは偽物の戦艦などではなく、直接掩護と護衛の双方で戦艦2隻、艦隊空母3隻、巡洋艦7隻、駆逐艦32隻という強力な部隊だった。

この強力な護衛船団の東航を察知した枢軸軍は、それに対応するために海軍と空軍の部隊を展開した。

第Ⅲ飛行隊の「ドーラ」。この飛行隊は1942年末の数週間、リビアの海岸沿いに西へ後退するロンメルのアフリカ軍団の掩護に当たった……

この作戦のために配置についた650機以上の兵力の中で、Ju87は40機にも及ばなかった。これは急降下爆撃機の特徴的な効果とその評価が低下していたことの現れかもしれない。しかし、敵の船団の航路に最も近いパンテッレリア島に移動してきた第102飛行隊のピッキアテリ13機と、北アフリカからシチリア島西部のトラーパニとシアッカに移動したI./StG3の26機のドーラは立派に任務を果たした。

8月12日、急降下爆撃機は護衛部隊の主力を攻撃した。I./StG3の12機は空母インドミタブル(2万3000トン)に直撃弾2発と至近弾2発を浴びせ、飛行甲板を使用不能に陥れた。損害は未帰還2機だった。第102飛行隊も、この日、2機を喪失した。そのうちの1機は対空砲の命中弾を受けて、戦艦ロドニーの後甲板に墜落した。翌朝、船団の本体である輸送船の群れを攻撃していたピッキアテリの1機が防御砲火の中で被弾して、前日の攻撃によって重大な損傷を受けていた油槽船オハイオの舷側近くに墜落し、大きなうねりに乗せられてこの船の前甲板にたたきつけられた。オハイオは曳航された状態でその後のピッキアテリの攻撃を通り抜け、その翌日によろめきながらマルタに到着し、貴重な航空燃料は荷卸しされた。貨物船ドーセットはそれほど幸運ではなかった。8月13日にシュトゥーカの爆撃を受け、火災が発生して放棄された。その24時間後、I./StG3は軽巡洋艦ケニアに損傷を与えた。

……しかし、後退作戦で取り残された機も多く、この機はその中の1機で、ほぼ完全な状態で連合軍の手に落ちた。スピナーが外されたままで、米軍の標識が描かれている。1943年2月、トリポリの南24kmほどのカステル・ベニトで撮影された。

第四章●北アフリカ戦線

カラー塗装図
colour plates

解説は95頁から

この12頁にわたるカラー図の部では、1941年から1945年にかけて地中海、北アフリカ、ヨーロッパ南部で活躍したシュトゥーカ隊（およびイタリア空軍）の機が多数紹介されている。これらの作品はすべて本書のために特別に制作されたものであり、本書の著者であり機体側面図の専門家、ジョン・ウィールと、人物画作家、マイク・チャペルが原資料を深く研究した上で、できる限り正確に機体とその乗員を描くために大きな努力を重ねた結果である。ここに並べられたJu87の多くは、これまで紹介されたことのないものであり、以前から知られている機についても、もっと正確な内容が加えられている。側面図は部隊創設の順に配列されている。

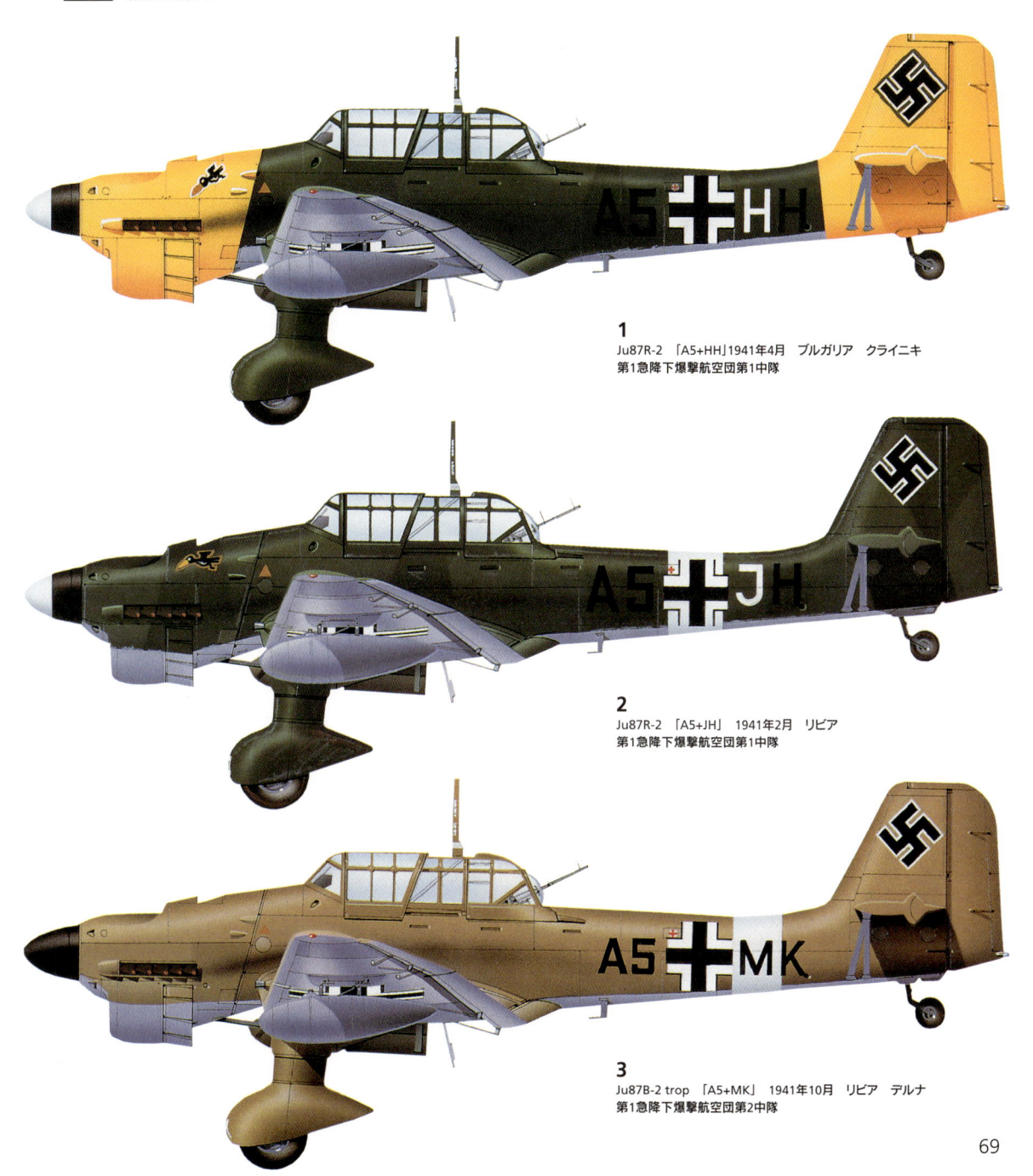

1
Ju87R-2　「A5+HH」1941年4月　ブルガリア　クライニキ
第1急降下爆撃航空団第1中隊

2
Ju87R-2　「A5+JH」 1941年2月　リビア
第1急降下爆撃航空団第1中隊

3
Ju87B-2 trop　「A5+MK」 1941年10月　リビア　デルナ
第1急降下爆撃航空団第2中隊

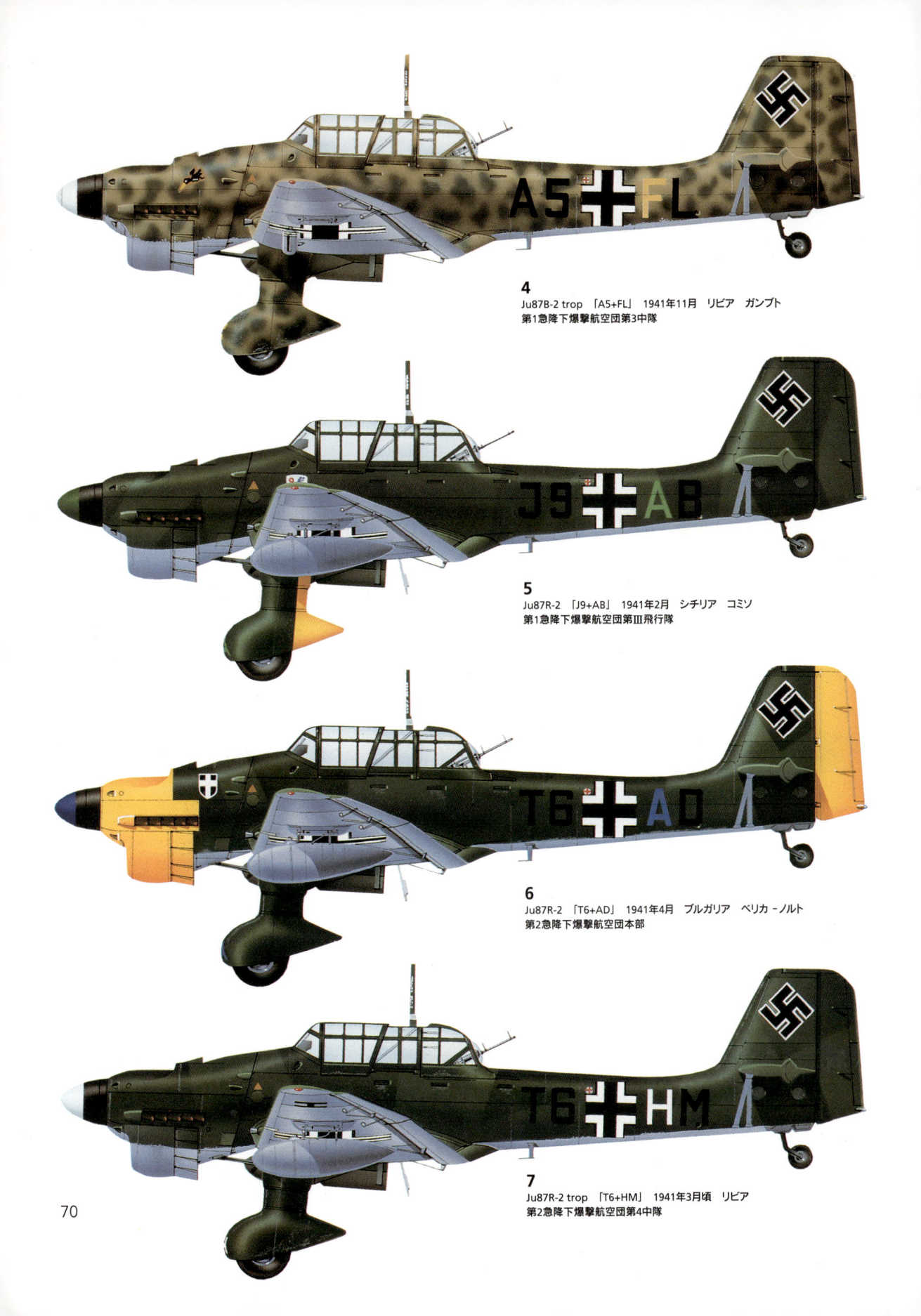

4
Ju87B-2 trop 「A5+FL」 1941年11月 リビア ガンブト
第1急降下爆撃航空団第3中隊

5
Ju87R-2 「J9+AB」 1941年2月 シチリア コミソ
第1急降下爆撃航空団第Ⅲ飛行隊

6
Ju87R-2 「T6+AD」 1941年4月 ブルガリア ベリカ-ノルト
第2急降下爆撃航空団本部

7
Ju87R-2 trop 「T6+HM」 1941年3月頃 リビア
第2急降下爆撃航空団第4中隊

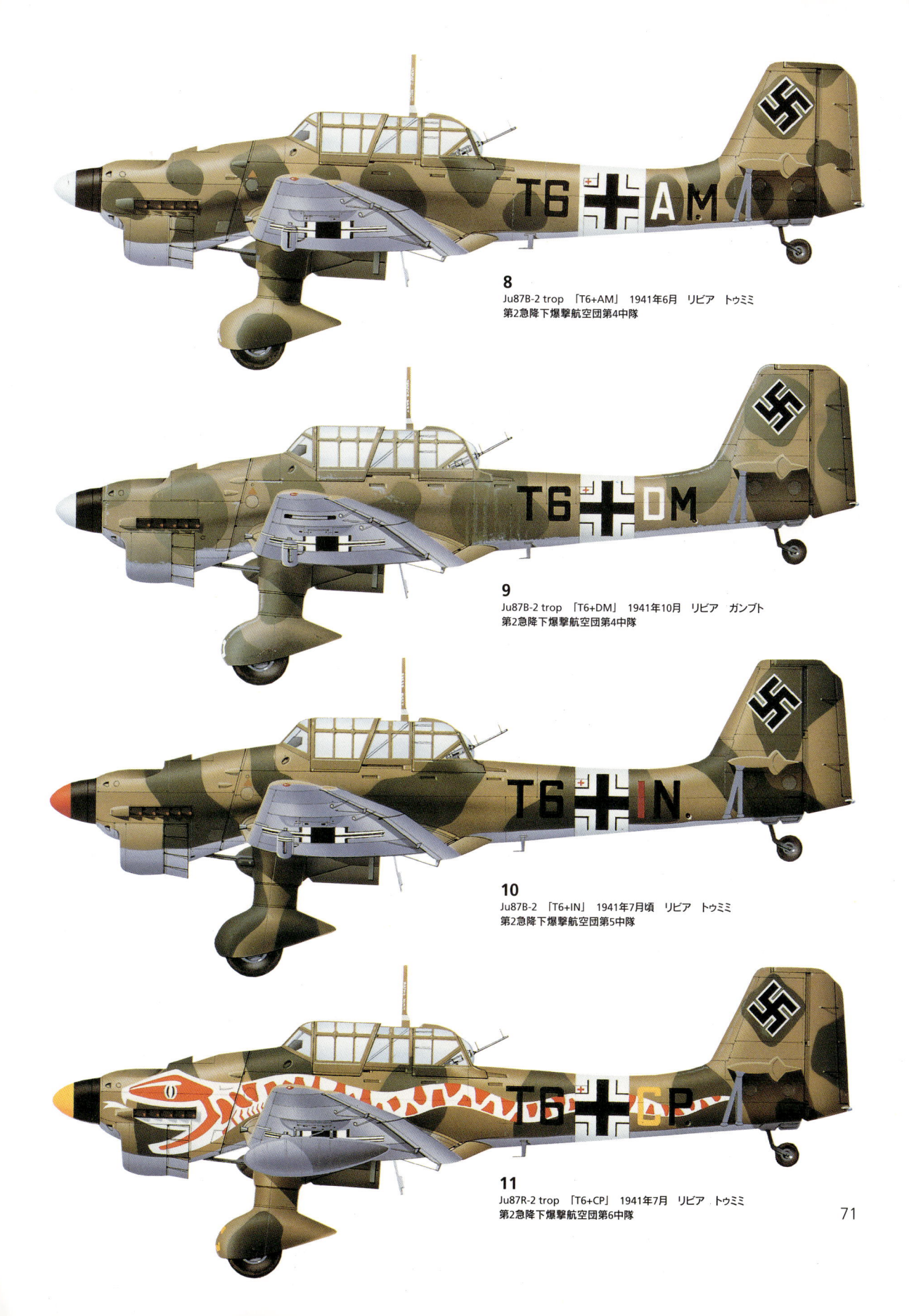

8
Ju87B-2 trop 「T6+AM」 1941年6月 リビア トゥミミ
第2急降下爆撃航空団第4中隊

9
Ju87B-2 trop 「T6+DM」 1941年10月 リビア ガンブト
第2急降下爆撃航空団第4中隊

10
Ju87B-2 「T6+IN」 1941年7月頃 リビア トゥミミ
第2急降下爆撃航空団第5中隊

11
Ju87R-2 trop 「T6+CP」 1941年7月 リビア トゥミミ
第2急降下爆撃航空団第6中隊

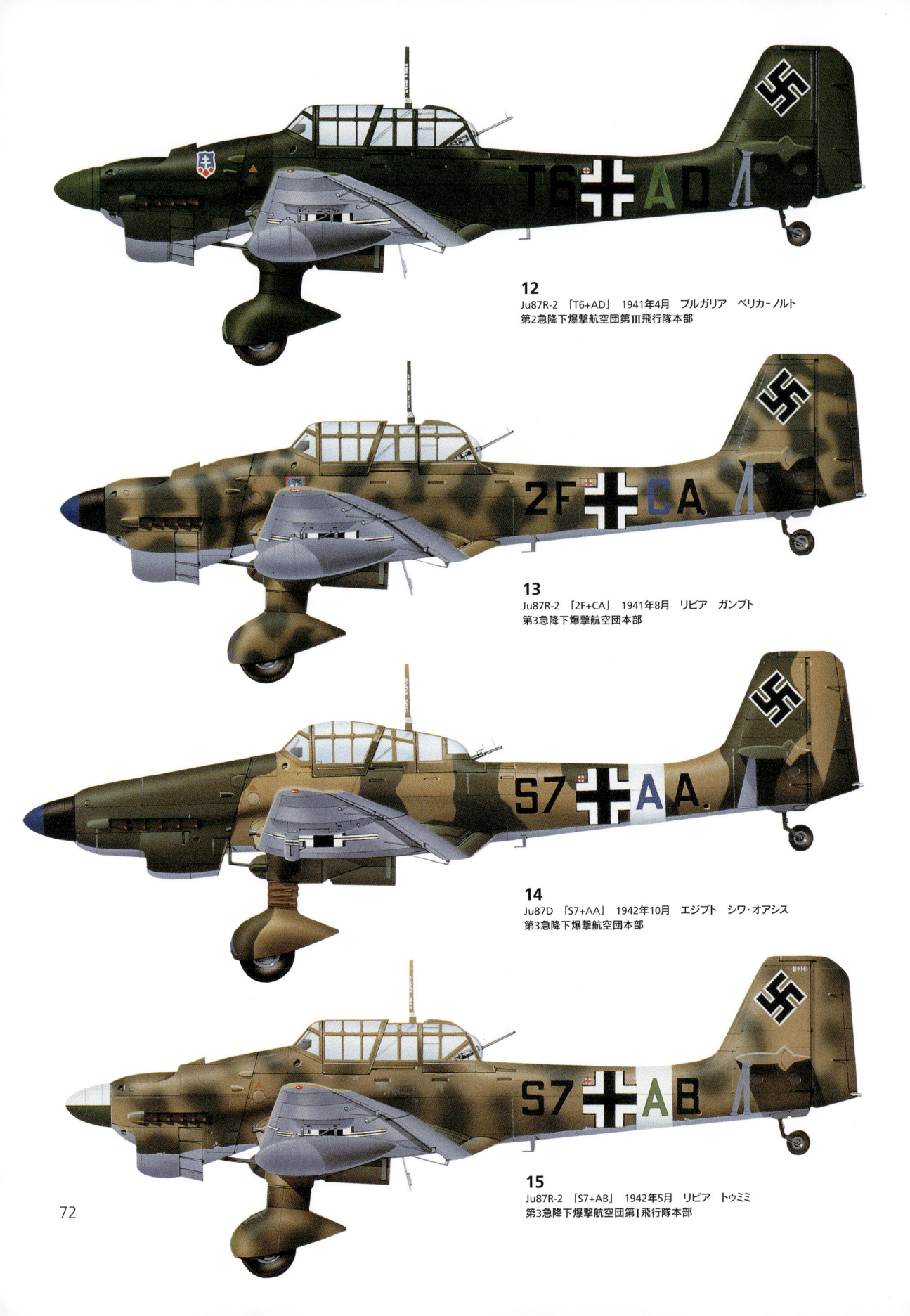

12
Ju87R-2 「T6+AD」 1941年4月 ブルガリア ベリカ-ノルト
第2急降下爆撃航空団第Ⅲ飛行隊本部

13
Ju87R-2 「2F+CA」 1941年8月 リビア ガンブト
第3急降下爆撃航空団本部

14
Ju87D 「S7+AA」 1942年10月 エジプト シワ・オアシス
第3急降下爆撃航空団本部

15
Ju87R-2 「S7+AB」 1942年5月 リビア トゥミミ
第3急降下爆撃航空団第Ⅰ飛行隊本部

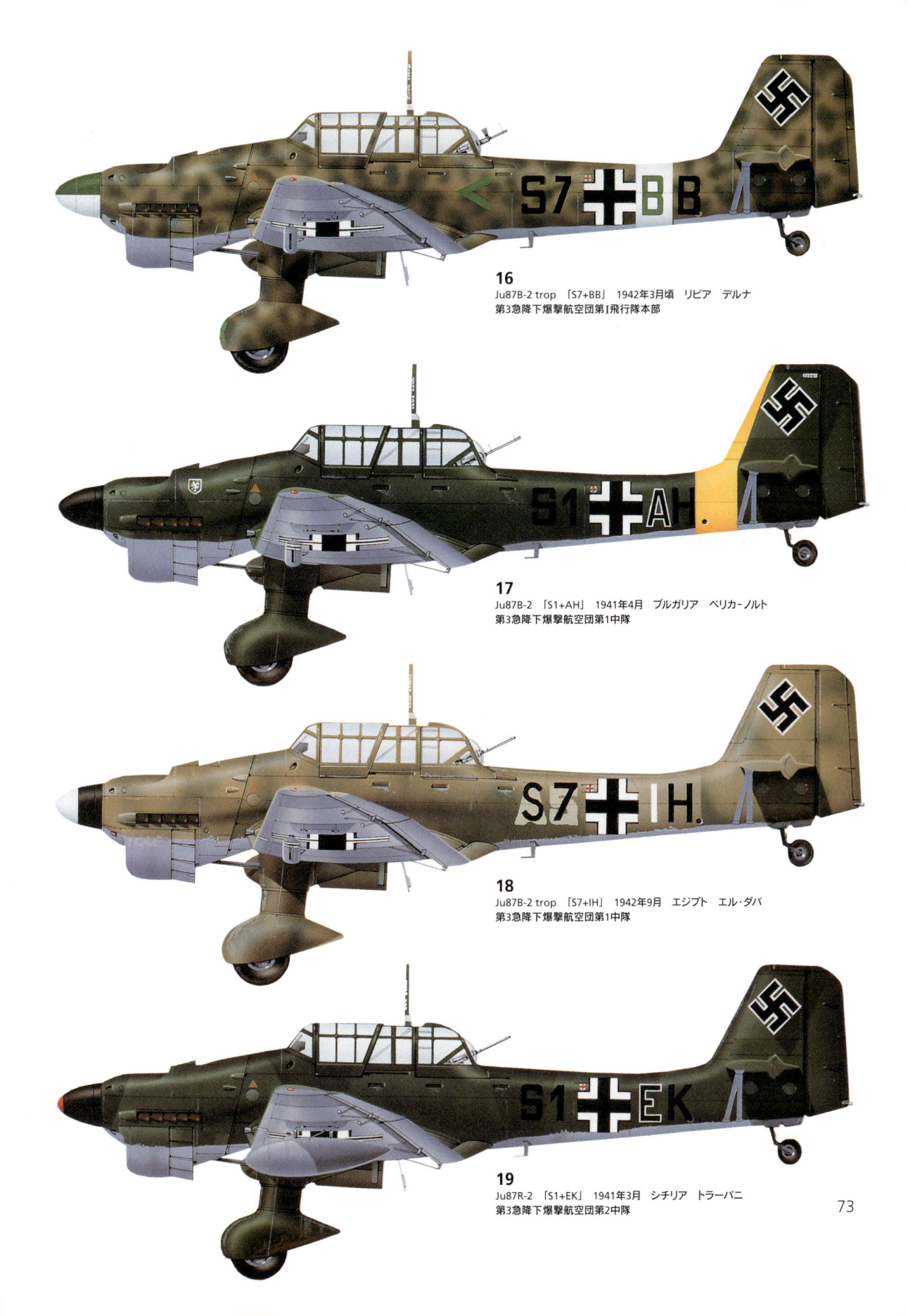

16
Ju87B-2 trop 「S7+BB」 1942年3月頃 リビア デルナ
第3急降下爆撃航空団第I飛行隊本部

17
Ju87B-2 「S1+AH」 1941年4月 ブルガリア ベリカ-ノルト
第3急降下爆撃航空団第1中隊

18
Ju87B-2 trop 「S7+IH」 1942年9月 エジプト エル・ダバ
第3急降下爆撃航空団第1中隊

19
Ju87R-2 「S1+EK」 1941年3月 シチリア トラーパニ
第3急降下爆撃航空団第2中隊

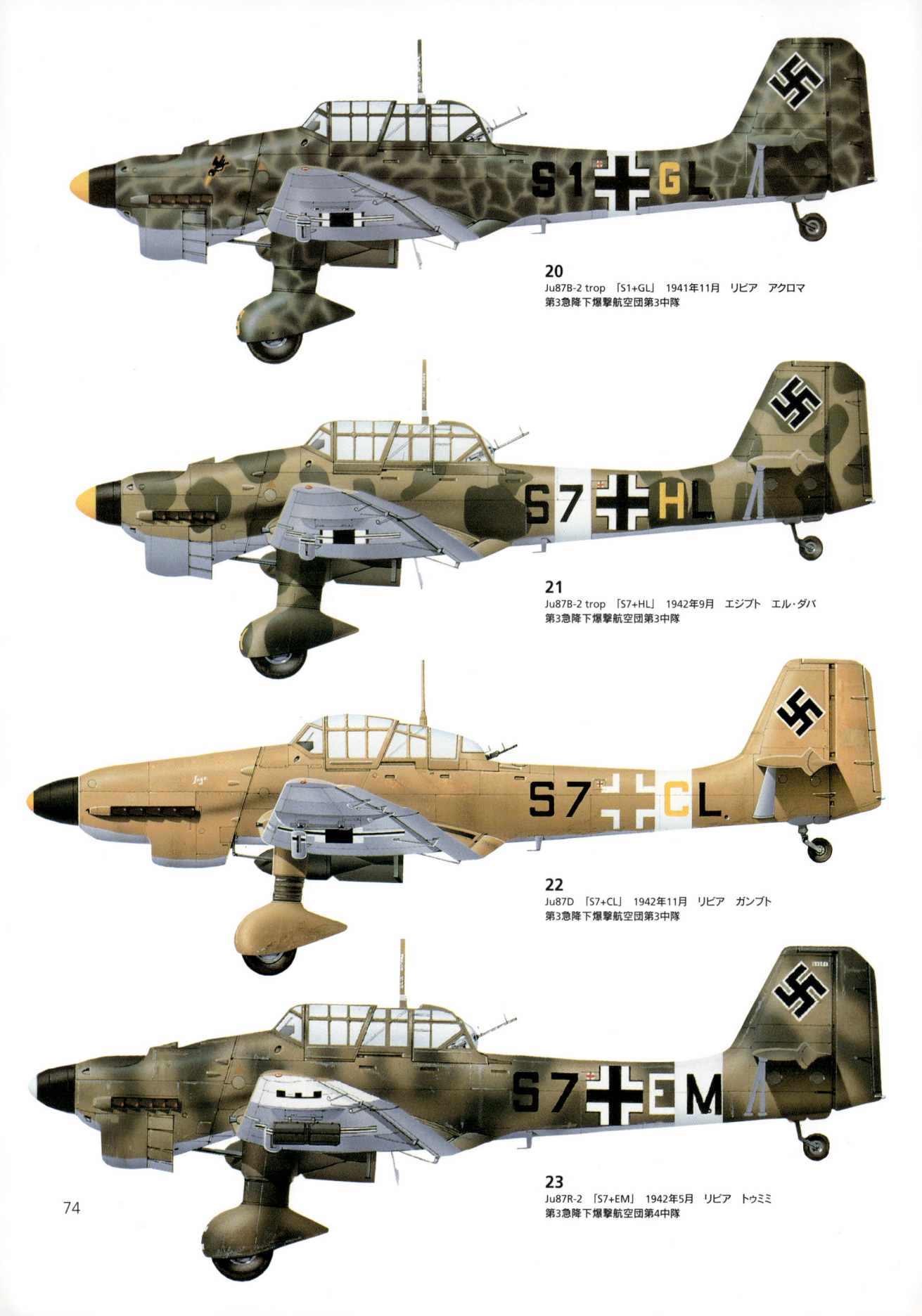

20
Ju87B-2 trop 「S1+GL」 1941年11月 リビア アクロマ
第3急降下爆撃航空団第3中隊

21
Ju87B-2 trop 「S7+HL」 1942年9月 エジプト エル・ダバ
第3急降下爆撃航空団第3中隊

22
Ju87D 「S7+CL」 1942年11月 リビア ガンブト
第3急降下爆撃航空団第3中隊

23
Ju87R-2 「S7+EM」 1942年5月 リビア トゥミミ
第3急降下爆撃航空団第4中隊

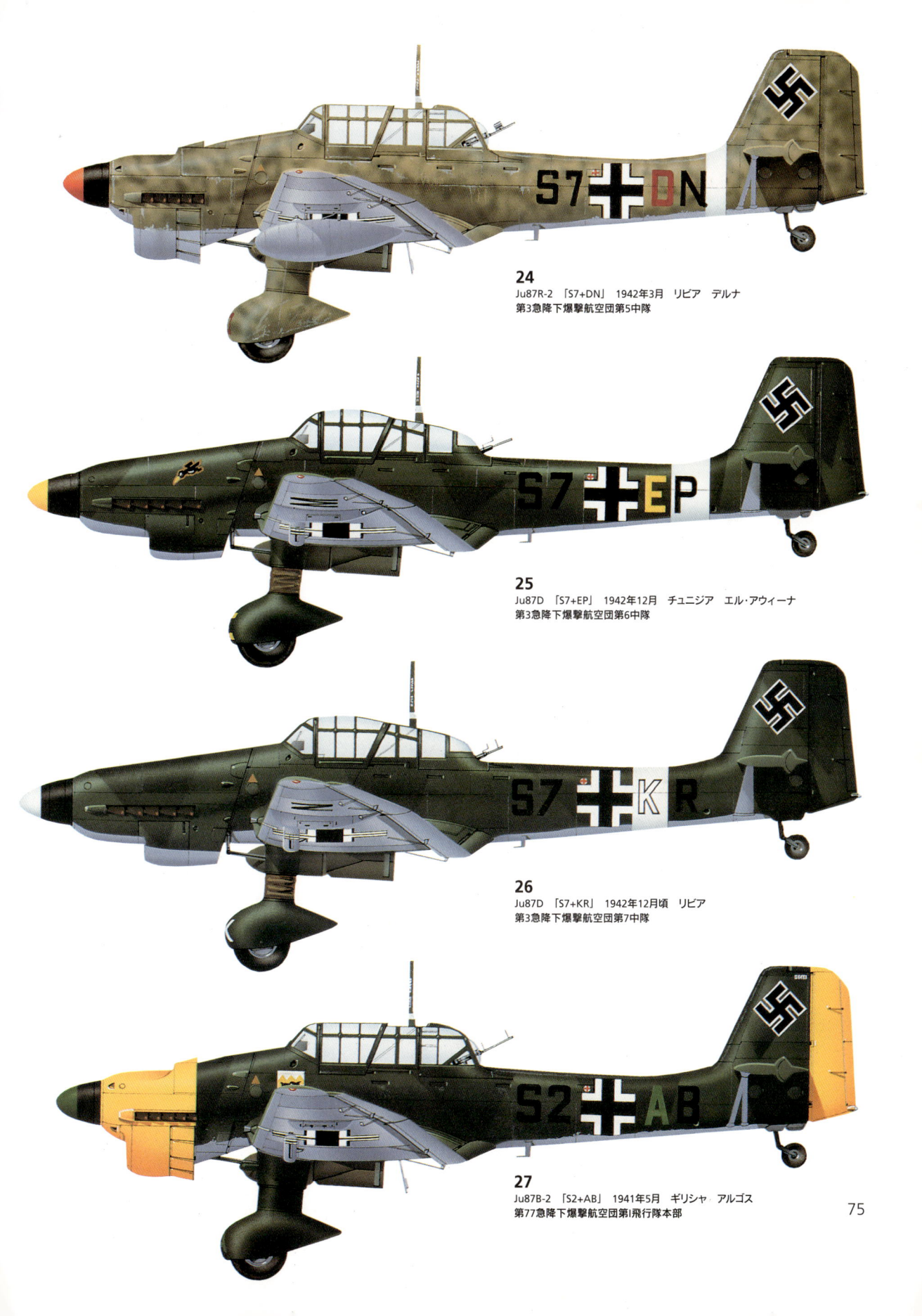

24
Ju87R-2 「S7+DN」 1942年3月 リビア デルナ
第3急降下爆撃航空団第5中隊

25
Ju87D 「S7+EP」 1942年12月 チュニジア エル・アウィーナ
第3急降下爆撃航空団第6中隊

26
Ju87D 「S7+KR」 1942年12月頃 リビア
第3急降下爆撃航空団第7中隊

27
Ju87B-2 「S2+AB」 1941年5月 ギリシャ アルゴス
第77急降下爆撃航空団第I飛行隊本部

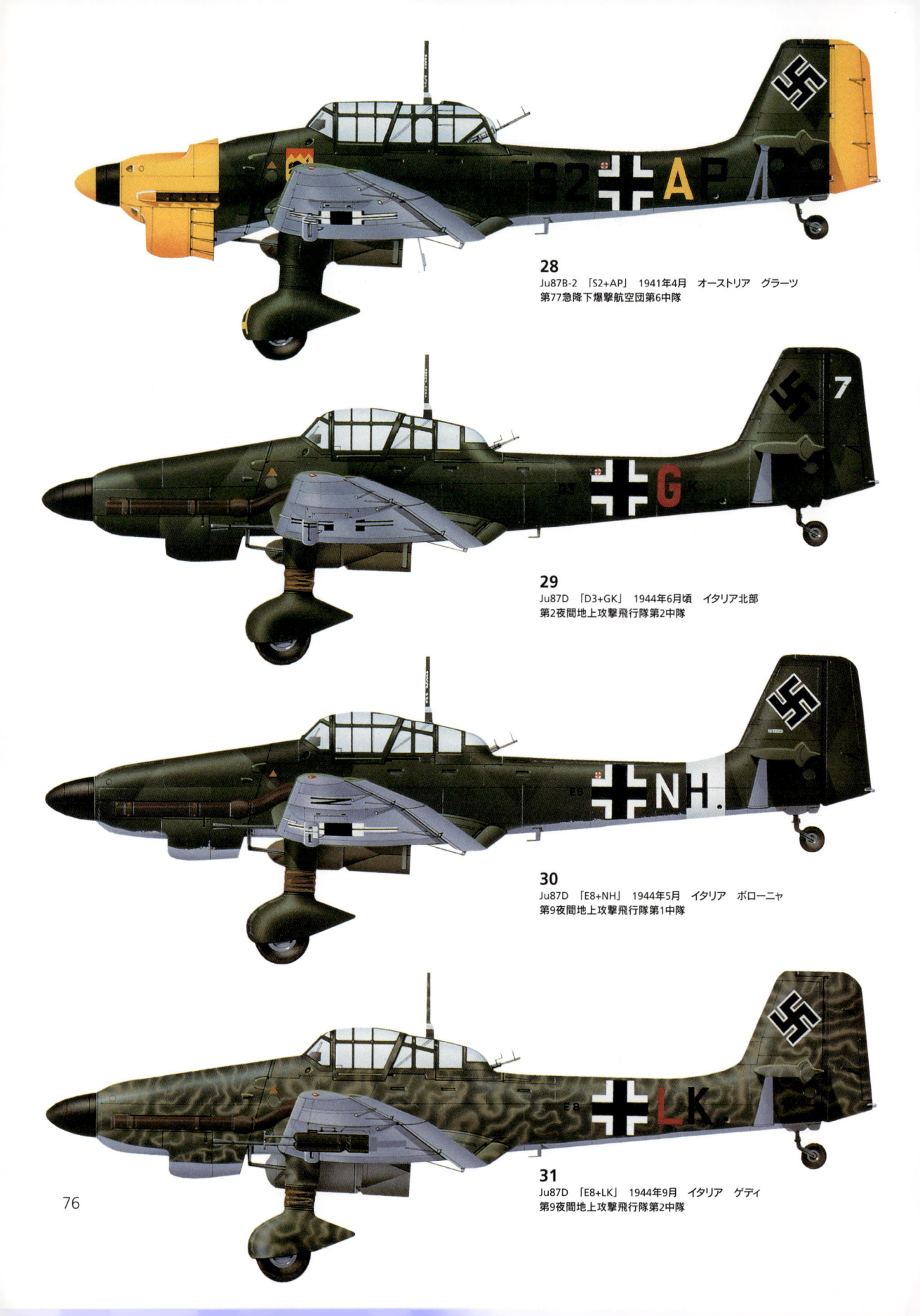

28
Ju87B-2 「S2+AP」 1941年4月 オーストリア グラーツ
第77急降下爆撃航空団第6中隊

29
Ju87D 「D3+GK」 1944年6月頃 イタリア北部
第2夜間地上攻撃飛行隊第2中隊

30
Ju87D 「E8+NH」 1944年5月 イタリア ボローニャ
第9夜間地上攻撃飛行隊第1中隊

31
Ju87D 「E8+LK」 1944年9月 イタリア ゲディ
第9夜間地上攻撃飛行隊第2中隊

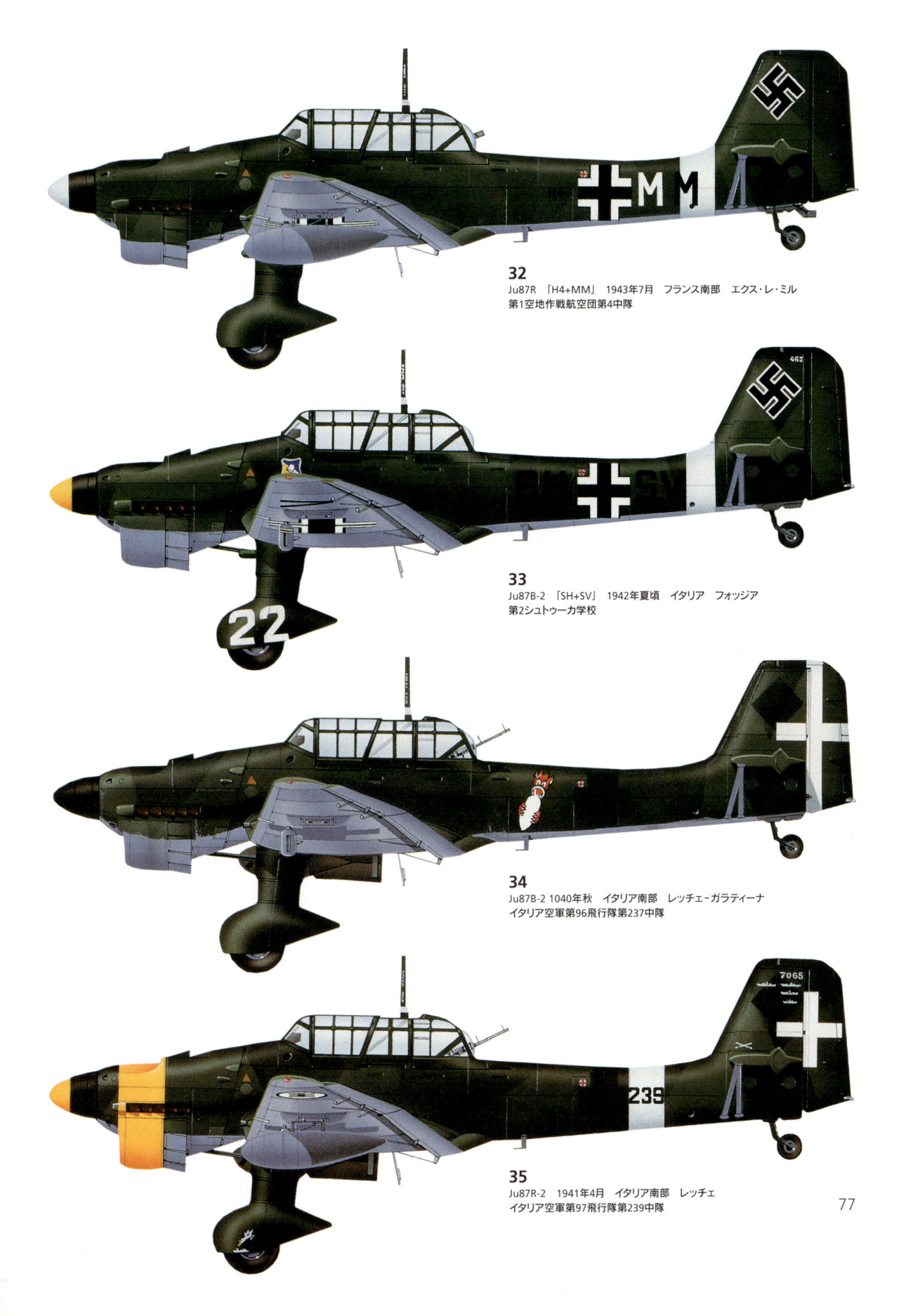

32
Ju87R 「H4+MM」 1943年7月 フランス南部 エクス・レ・ミル
第1空地作戦航空団第4中隊

33
Ju87B-2 「SH+SV」 1942年夏頃 イタリア フォッジア
第2シュトゥーカ学校

34
Ju87B-2 1040年秋 イタリア南部 レッチェ-ガラティーナ
イタリア空軍第96飛行隊第237中隊

35
Ju87R-2 1941年4月 イタリア南部 レッチェ
イタリア空軍第97飛行隊第239中隊

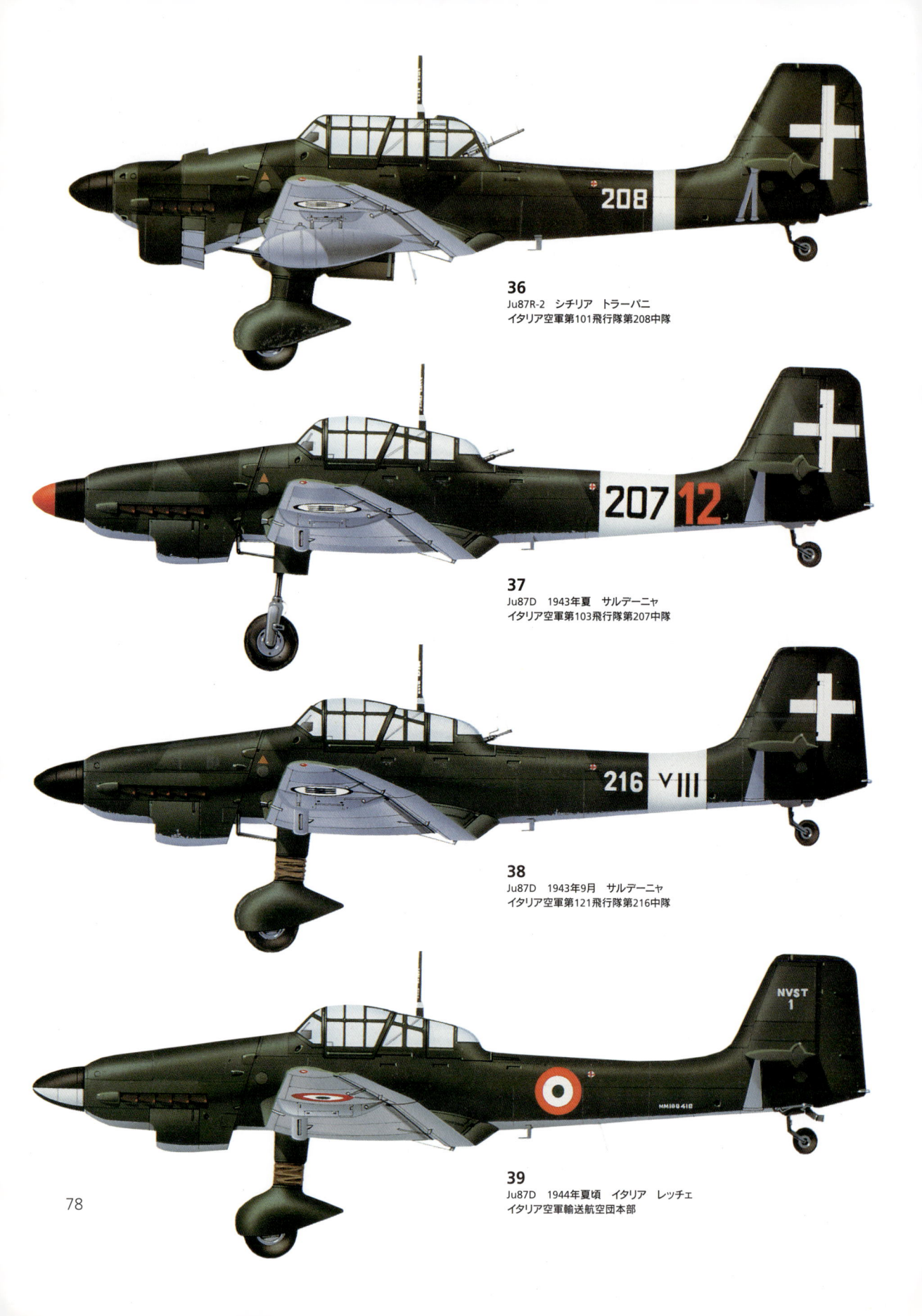

36
Ju87R-2　シチリア　トラーパニ
イタリア空軍第101飛行隊第208中隊

37
Ju87D　1943年夏　サルデーニャ
イタリア空軍第103飛行隊第207中隊

38
Ju87D　1943年9月　サルデーニャ
イタリア空軍第121飛行隊第216中隊

39
Ju87D　1944年夏頃　イタリア　レッチェ
イタリア空軍輸送航空団本部

乗員の軍装
figure plates

3
第1急降下爆撃航空団第Ⅲ飛行隊長
ヘルムート・マールケ大尉
リビア　デルフ　1941年4月

1
第1急降下爆撃航空団第7中隊長
ハルトムート・シャイラー中尉
シチリア　コミソ　1941年2月

2
イタリア空軍第101急降下爆撃飛行隊長
ジュゼッペ・ドナディオ少佐
アルバニア　ティラナ　1941年4月

4
第2急降下爆撃航空団第Ⅱ飛行隊長
ヴァルター・エネッツェルス少佐
リビア　トゥミミ　1941年夏

5
第3急降下爆撃航空団司令
ヴァルター・ジーゲル中佐
エジプト　シワ・オアシス　1942年9月

6
第3急降下爆撃航空団第5中隊長
ヘルベルト・シュトリー中尉
リビア　マルトゥバ　1942年4月

この船団がこの水域を通過した後、攻撃に動員されたJu87はすぐに元の配置にもどった。第102飛行隊はシチリア島にもどって、マルタ島に対する夜間爆撃を再開し、I./StG3は砂漠の戦線に復帰した。

　ペデスタル船団の14隻の商船のうち、5隻がマルタ島に到着した。送り込まれた資材・物資3万2000トンの効果はすぐに現れた。マルタから出撃する英軍機の攻撃によって枢軸側の船舶の損害が増大し、ロンメルの軍団への補給不足が著しく進行した。

　StG3のシュトゥーカはエジプト領内に深く入った位置にあるフカとクァサバの周辺の発着場（エル・アラメインの防御線まで150km足らずの距離）に進出し、ほぼ毎日爆撃を実施した。しかし、神秘的な恐ろしさは消えてなくなっていた。英軍の報告書はJu87について明快な評価を下していた――「この機は恐怖感を振り撒く神経戦の道具に過ぎない。爆撃の破壊効果は部分的であり分散的であって、戦意の高い部隊に対しては効果が薄く、我が軍の戦闘機の攻撃には脆弱である」。5./StG3の中隊長、ハンス・ドレッシャー中尉も、「もはや、エル・アラメインの英軍陣地の上空には進入できない」と認めていた。

StG3にとって不可欠な輸送グライダー、DFS230。I./STG3の大戦初期以来の部隊マークがコクピットの下に描かれ、その後方のカモフラージュが薄い部分に製造番号227525が見える。

　それにもかかわらず、「ドーラ」の編隊は英軍の部隊集結地、砲兵陣地、戦車の防御円陣にねばり強く激烈な攻撃を継続した。しかし、彼らの無線電話交信は英軍に傍受され、英国空軍は「ヴェスペ」（スズメ蜂）と「イーザル」（ミュンヘンを流れている河）がシュトゥーカのコール・サインだと知っており、急降下爆撃機と戦闘機の間の連絡を聞き取っていた。そして、それに対応して戦闘機のパトロールを強化することができたので、シュトゥーカの損害が目立って増大したのは当然のことだった。

　シュトゥーカが迎撃を受け、止むを得ず爆弾を投棄して基地に引き揚げる回数が増し続けた（捕虜になったアフリカ軍団の将校の日記に、「神様、またまたドイツ空軍の爆弾が降ってきました」と書かれていたというお話があるが、おそらく作り話だろう）。そして、彼らは基地に帰ってきても、必ずしも安全だとはいえなかった。基地の上空に進入してくる英軍の戦闘機と戦闘爆撃機が、離陸や着陸の途中、または地上にあるシュトゥーカに対し、着実に撃墜や撃破の戦果を重ねていたためである。危険は上空からだけではなかった。ジープに乗って枢軸軍の戦線の後方へ深く侵入してくる長距離砂漠偵察部隊（ロング・レンジ・デザート・グループ）のパトロール隊が、夜間に寝静まったドイツ空軍の発着場を奇襲することもあった。ある晩、この種の攻撃を受けたクァサダ基地では、「ドーラ」5機が完全に破壊され、7機が大きな損傷を受けた。

　1942年10月23日の夜、2140時、エル・アラメインの東15kmほどの砂漠地帯に英軍の1千門以上の火砲の射撃の光が一面に拡がった。これは第一次大戦以降で最大規模の砲撃弾幕であり、モントゴメリーの補給戦での勝利の成果だった。3回目の「ベンガジ賞レース」の始まりであり、英軍にとっては必ず勝たねばならない勝負だった。

それにもかかわらず、英第8軍が枢軸軍の戦線を突破するのには丸々10日を要した。
　この間、集中的な昼間の航空戦闘がほぼ連続し、連合軍の戦闘機パイロットたちはJu87 約40機撃墜を報告し、それとほぼ同数の「不確実撃墜」または撃破も報告された。この戦闘の早い時期に騎士十字章受勲者であり、経験の高い指揮官であるクルト・ヴァルター大尉が戦死した。彼はヴァルター・エネッツェルスと交替してⅢ./StG3飛行隊長となり、9月14日に彼の隊がトブルク沖で防空巡洋艦コヴェントリー（4190トン）と駆逐艦ズールー（1854トン）を撃沈した時に活躍した。彼は10月26日の夕刻遅く、その日の最後の出撃から帰還して着陸態勢に入った時に敵の戦闘機に捕捉され、脱出降下を試みたが、高度が低く落下傘が十分に開かなかった。
　11月11日には第8軍はハルファヤ峠に到達した。エジプトの国境に近い要衝で、そこから急斜面を西へ下るとリビアの高原に入る。ここでドイツ空軍は、英軍の機甲部隊の前進を何とか喰い止めようと必死に戦った。11日の夜明け、Ⅰ./StG3のシュトゥーカ15機が航空攻撃の先頭に立って出撃したが、この編隊は南アフリカ空軍のキティホークの編隊に襲われ、後者は12機撃墜を報告した。残る3機は、ガンブトに引き揚げて着陸しようとしている時、米軍のP-40Fのパトロールに襲われて撃墜された。始めに撃墜された13機の中には、騎士十字章受勲者である第Ⅰ飛行隊長マルティーン・モスドルフ大尉──6月にビール・ハケイム上空で戦死した「ハイン」・エッペン大尉の後任──の乗機も含まれていた。彼は火を噴いた「ドーラ」をうまく不時着させ、後席の機銃手とともに捕虜になった。
　これでⅠ./StG3は事実上全滅し、シュトゥーカの西部砂漠地帯での活動は終末に近づいた。第Ⅰ飛行隊の残った人員は本国に引き揚げ、新機受領と人員補充によって戦力を回復した後、東部戦線に配備された。Ⅱ./StG3も同様に、休養と戦力回復のためにサルデーニャに移動した。第Ⅲ飛行隊の残った機材と人員はアフリカ軍団の西方への最後の後退の掩護任務に留まった。しかし、その後退が始まる前に、枢軸軍の後方で新たな危険が発生した。1942年11月8日に開始された米英連合軍部隊のアルジェリアとモロッコへの上陸作戦──「トーチ」作戦──である。この上陸部隊は東へ進撃し、エジプトから西進してくる英軍部隊とともに巨大な挟撃作戦の両翼となって枢軸軍を圧迫し、アフリカ北岸から全面的にそれを駆逐するように計画されていた。
　ドイツ空軍はこの新たな脅威に対抗するために、いくつもの部隊をヴィシー政権統治下のチュニジアに至急送り込んだ。その中のひとつはⅡ./StG3の「ドーラ」24機であり、シチリア経由でこの国の首都の外周の軍民共用の飛行場、チュニス-エル・アウイナに到着した。しかし、第Ⅱ飛行隊がここに留まった期間は短く、月末近くにはジェデイダに移動した（シチリア島に配備されていた第102飛行隊の可動状態のピッキアテリは2機に過ぎず、この段階では作戦に参加できる態勢ではなかった）。
　この戦線での行動を始めるとすぐに、Ⅱ./StG3には損害が発生した。チュニジアの航空戦は戦闘爆撃機の戦いだった。Bf109やFw190はいったん爆弾を投下すれば、その後の行動は自分で選択することができた。すぐに引き揚げてもよく、自衛のために止むを得ず敵の戦闘機と交戦する場合も、対等に戦うことができたが、シュトゥーカにはそのような選択の余地はなかった。6./StG3は2週間のうちに中隊長2名を次々に失った。しかし、11月26日には第Ⅱ飛行

隊が1日の損害としては最大の打撃を受ける戦闘が発生した。米第1機甲師団の戦車17両が戦線を突破してジェデイダに侵入し、駐機してある「ドーラ」を射撃、体当たり、尾部への衝撃によって破壊し、格納庫と修理工場の中の機も攻撃した。米軍側での報告では合計36機のシュトゥーカを破壊したとされている（ドイツ側は後に15機損失を認めた）。

　機材の損失はすぐに補充され、II./StG3は間もなく戦闘を再開した。しかし、作戦行動は防御的な戦闘に変って行き、チュニスまで後退し、計画された目標を攻撃できずに終わる出撃が多くなった。チュニジア北部では敵戦闘機の行動が日に日に活発になって行き、アラメイン周辺での戦闘と同様に、生き残るために目標上空に到達する前に爆弾を投棄せねばならない場合が増して行ったためである。しかし、第II飛行隊の目立った作戦成功もあった。1943年の元日、アルジェリアのボーヌ（現・アンナバ）港に対するシュトゥーカと戦闘爆撃機の協同攻撃により、英国海軍の軽巡洋艦エイジャクス（7270トン）に損傷を与えたのはその例のひとつである。

　一方、第III飛行隊は地中海沿いにリビアを東端から西端まで横断する後退を終わり、国境を越えて西隣りのチュニジアに入った。新たな基地としたガベスは国境防御線、マレト・ラインの後方であり、しばらくは安全な場所だった。この防御線はフランスが東隣りのイタリア領植民地リビアからの攻撃に備えて構築した（そして、それをドイツが強化した）ものであり、エル・アラメインの防御線とそっくりだった——地中海岸のガベスに始まり、内陸の塩水の沼沢地まで延びていた。III./StG3はガベスから数週間にわたってチュニジア中西部のガフサ、スベイトラ、カセリンなどの目標を爆撃した。

　ガベス基地でIII./StG3はジェデイダでの第II飛行隊のように戦車部隊の奇襲を受ける危険はなかったが、マレト・ラインは基地を連合軍の爆撃から守ってくれる力はもっておらず、モントゴメリーが防御線の南を迂回してチュニジアに侵入する準備を進めるにつれて、爆撃は激しさを増して行った。III./StG3は1943年2月26日までガベスに留まっていた。しかし、この基地が航空攻撃の上に長距離砲の射撃を受けるようになると、移動せねばならなかった。彼らの翌月の基地は北西に80km離れたエル・メッツーナだった。この時期になると彼らの損失は増大し、出撃は雲のカバーが十分にあって、連合軍の戦闘機の大群が現れるとすぐに逃げ込める状態の日に限られるようになった。

　3月28日、英第8軍はついにマレト・ラインを突破し、北へ向かって進撃し始めた。III./StG3は再び撤退しエル・ドジェムに移動した。この時期の状況を飛行隊の技術担当将校が次のように語っている。

「我々の前線は敵軍に押されて、チュニスとボン岬の方へ段々に後退して行った。敵の機甲部隊の先頭はすでにケルーアンに接近していた。今や、出撃はロッテかケッテだけに限られていた。つまり、2機か3機だけの出撃なのだ。我々が目標の上空に到達するためには、小さい編隊ですばやく機動できる態勢を取っていることが必要だった。

「私の3機編隊（ケッテ）の目標はケルーアン付近の機甲部隊だった。雲量は十分の八で、時には雲の上、時には雲の下と位置を次々に変え、こっそりと目標に向かう。編隊の全員が敵の戦闘機を見張った。敵機1機がいた。奴も我々を発見したはずだ。降下して、下方の濃いスープのような雲の中に逃げ込まねばならない。後続の2機は私の機にうまくついてきた。潜り込んだ雲の底は地上200mの高さだった。私は浅い角度で降下し、雲の下を見通そうと努めた。

水平姿勢にもどった時は地上80m前後だった。しかも、周囲は前後左右全部山だった！　上昇する以外に途はない。それも大至急に。我々は雲の外に出ることができた。急いで周囲を見廻した。幸い、我々以外の機は見えなかった」

　彼の3機編隊は計画された目標、機甲部隊を発見できなかったが、悪くない別の目標に遭遇した。それは軽装甲車やトラックの隊列であり、「末端が見えないほど遠くまで」連なっていた。彼らは爆弾を投下し、銃撃を加えた後に、無事にエル・ドジェムに帰還した。しかし、そこでは駐機場まで滑走して行く間に強烈な爆撃に巻き込まれた。

　2週間足らずのうちにⅢ./StG3はエル・ドジェムからも撤退せねばならなくなった。4月8日の彼らの三度目の、そして最後の移動の先は、チュニスから20kmほどのウードナであり、そこで第Ⅱ飛行隊の残存の部分と一緒になった。その翌日、最後の作戦行動に出撃した──ケルーアン北方の米軍の機甲部隊を目標とした3回の出撃である。この時期にはこの戦域のドイツ空軍の戦力はきわめて低下しており、戦闘機は燃料不足のため、シュトゥーカが襲われやすい離陸時の数分間上空掩護するだけであり、離陸したJu87は護衛なしで敵地に向かった。

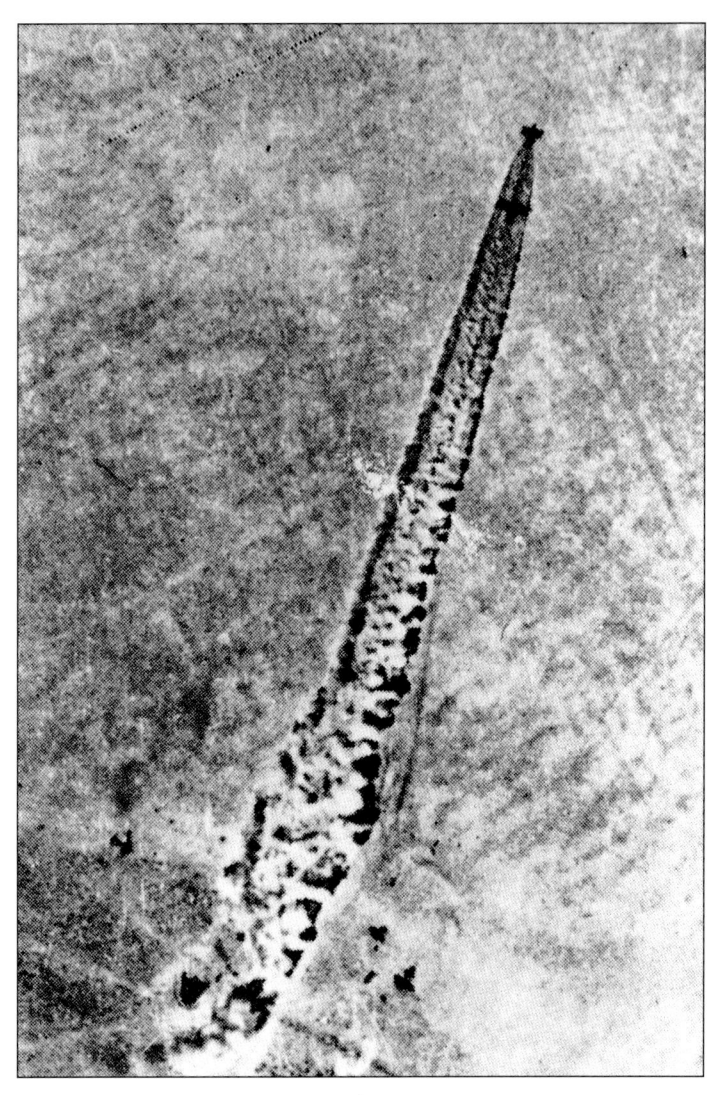

Ju87曳航機とDFS230グライダーのコンビネーションが砂漠の中の滑走路で離陸滑走している場面。英国空軍の写真偵察機が上空から撮影したもの。

　4月10日と11日、シュトゥーカはまったく離陸できなかった。十分にカモフラージュされた掩体壕の中で釘づけ状態だったのである。常に襲いかかる体勢で基地の周辺を飛び廻る戦闘機から彼らを守るためには、これ以外の方法はなかった。その24時間後、生き残っていた「ドーラ」は北アフリカからの撤退を開始した。単機か少数機のグループで、チュニジアのボン岬からシチリア島──すでに、確実に安全とはいえなくなっていた──へ、幅の狭い海峡を越えて飛んだ。運命の輪は完全にひと廻りしていた。この海峡は、「ドーラ」の先代、「ベルタ」(B型の愛称)が強力な編隊を組み、マルタ島行きの護衛船団を痛撃した戦場だった。今や、その海峡を単機の「ドーラ」が、常時飛び廻っている連合軍のパトロール編隊の目を盗んで滑り抜けねばならなかったのである。

　北アフリカ作戦で最後に喪われたシュトゥーカは、Ⅱ./StG3の不運な「ドーラ」だったと思われる。4月19日、この機は輸送グライダー──砂漠地帯でシュトゥーカ隊は、発着場から次の発着場へとたびたび重ねた移動の際、グライダー

を輸送のために使用した——を曳航して飛んでいるのを発見された。このコンビネーションは、南アフリカ空軍の3個飛行隊のキティホークに発見され、逃げ切るチャンスはまったくなかった。曳航機もグライダーもボン岬の沖に撃墜された。

　こうして、砂漠戦線での15カ月にわたるJu87の苦しく激しい戦いは終わった。エル・アラメインとチュニジアの山地との間の地中海沿いのベルト地帯には、撃墜され、不時着し、破壊され、あるいは遺棄されたJu87の残骸が点々と残り、こうした残骸だけが彼らの戦いの跡を示している。

chapter 5

南ヨーロッパでの作戦行動
operations in southern europe

　北アフリカ戦線の戦闘が終結すると、当然ではあるが、地中海周辺で作戦行動を取る急降下爆撃機部隊の数は減少した。しかし、Ju87がこの戦域から姿を消したのではなかった。実際に、1943年の秋、短い期間ではあったがシュトゥーカの活動が活発になった。StG3のふたつの飛行隊が8週間近くにわたって、局地的ながら優勢な戦いを展開し、その勢いは輝かしい電撃戦当時を想わせるほどだった。

　StG3（1943年4月1日以降、クルト・クールマイ少佐が団司令）の本部と第Ⅲ飛行隊は、チュニジアからの撤退に引き続いて本国に引き揚げ、戦力回復した後に東部戦線に配備された。Ⅱ./StG3もチュニジア撤退後に後方へ移動したが、行き先は地中海東部だった。このため、連合軍が幅の狭い海峡を越える「ハスキー」作戦（シチリア島進攻作戦）を1943年7月10日に開始した時、これに対応した枢軸軍の航空兵力の中の急降下爆撃機はすべてイタリア空軍の

あまりシャープな映像ではないが、StG3の「ドーラ」が地中海東部で活動している姿を記録した数少ない写真のひとつとして、重要なものである。この時期の少し前、チュニジアで連合軍の戦闘機の目から姿を隠すために汲々としていたStG3にとっては、大きな状況の変化だった。ここで滑走している第Ⅱ飛行隊の「ドーラ」のパイロットにとっては、このようにクリーンな幅広のコンクリート滑走路は信じがたいものだったに違いない。

部隊だった。

　しかし、この時期までに第102飛行隊は全面的にレッジアーネRe.2002戦闘爆撃機に機種改変を完了しており、第101飛行隊はもっと前からフィアットCR.42を装備し、同じ任務についていた。その年の早い時期にイタリア空軍はある程度の機数の「ドーラ」の供給を受けていたが、既存のふたつの急降下爆撃機飛行隊の装備改変には当てず、新たに編成した飛行隊——第103と第121——に配備した。

　この2個飛行隊はサルデーニャで訓練の途中であり、経験不十分な乗員が大半を占める状態のまま、敵の上陸作戦に対して戦うためにイタリア南部とシチリア島に移動した。質量ともに絶対的に優勢な連合軍の航空部隊との戦いで、彼らは破滅的な損害を被った。上陸作戦開始から数時間後に、ゲラ湾の上陸海岸の沖で撃沈された米国海軍の1700トンの駆逐艦マドックスが、唯一の戦果だったと思われる。米軍の艦船の護衛に当たっていたこの艦は、姿が見えない敵機が投下した爆弾1発を艦尾に受け、「火焔と黒煙と破片を激しく噴き上げ」て船体がふたつに折れた。2分も経たないうちに、マドックスは波間に姿を消した。

　38日間のシチリア攻略作戦が終結するより前に、第121飛行隊の生き残りの「ドーラ」はサルデーニャに撤退した。第103飛行隊はまったく存在しなくなっていた。連合軍の作戦の次のステップが、シチリア島とイタリア半島の爪先との間の3kmのメッシナ海峡を越えることであるのは明白だった。9月3日、彼らはそれを実施した。その5日後、9月8日にナポリの南のサレルノとタラントに敵前上陸し、その日にイタリア政府は対連合軍の停戦協定を発表した（7月25日にムッソリーニを逮捕した後に成立した新政権は、9月3日に停戦協定に調印し、それが8日に発効した）。

　ヒットラーはこれまでも何度か、ともに戦うヨーロッパ南部の盟友を救援してきたが、この時も（これが最後だったが）彼に救援の手を差し延べた。ローマの北東100kmの山岳地帯、グラン・サッソのホテルに監禁されていたムッソリーニを、ドイツ軍の特殊部隊の空挺奇襲によって解放したのである。それ以降、イタリアはふたつに分裂した——南の半分は連合国の側に立ち、北半分はムッソリーニの下で枢軸国との同盟を続けた。空軍もふたつに分かれ、双方とも、わずかな数のJu87Dを保有していたが、後方任務に使用されただけだった。

　イタリアの南半分が枢軸同盟から離脱したため、II./StG3の目の前に戦争が迫ってきた。ギリシャとクレタ島にあるこの飛行隊の基地は、沿岸の島々のイタリア軍守備部隊——連合軍側に付く動きを見せていた——を制圧するために絶好の位置にあった。ギリシャ西岸に近いケルキラ島とケファリーニア島では明らかな叛乱が発生していた。後者の島のイタリア軍陣地に対する攻撃の際、6./StG3中隊長、騎士十字章受勲者、ヘルベルト・シュトリー中尉が戦死した。投下直後に爆弾が空中で爆発したためである。

　しかし、シュトゥーカが以前のように急降下爆撃機としての本来の威力を発揮した場面は、ギリシャの東、エーゲ海の入り口に並ぶドデカニソス諸島だった。この諸島の最大で最重要な島、ロードス島では、配備されていたドイツ軍の守備隊は兵力の上で優勢なイタリア軍守備隊をすぐに制圧した。しかし、英国のウィンストン・チャーチル首相（第一次世界大戦とその初期のガリポリ戦役以来、彼はこの地域について関心をもっており、それは妄想と紙一重と

爆弾を搭載した「ドーラ」の3機編隊（＝ケッテ）。モンテネグロの山岳地帯上空で、対パルチザン攻撃任務の際に撮影された。

この写真のJu87の編隊も高高度で同じような地域の上空を飛んでいるが、左の頁の3機とは異なって、方向舵に大きな白い数字が描かれており、これは練習機であることが分かる。これらの2葉の写真は同じ時期に撮影されたものなので、左頁の3機はSG151の実戦中隊（＝アインザッツシュタッフェル）の機であり、この頁の写真はその練習機の編隊であるのかもしれない。

これは謎の多い写真である。この後期生産型の「ドーラ」は1943年にイタリアで撮影されたといわれている。しかし、東部戦線のマーキングをつけた第7中隊の機であるように見え、そのような機が地中海戦域で何をしていたのか、これはミステリーである。

いえるほどに強かった）はエーゲ海の不安定な状況を自分の望むかたちで解決したいと考えていた。彼の主張があったため、ドデカニソス諸島の多数の小さい島々に英軍部隊が送り込まれた。そのうちで最も重要だったのはコス、レロス、サモスの3島で、いずれもロードス島の北西方、トルコ沿岸に近いエーゲ海の奥の方の位置にあった。これらの島々に最も近い英国空軍の基地は500km離れたキプロス島であり、この条件がこの水域の戦いを破滅に導いた大きな要因となった。

ドイツ軍の行動はいつもの通り迅速だった。強力な空軍部隊がこの地域に集められ、その中にはロシア戦線からもどってきたStG3の本部と第I飛行隊も含まれており、第II飛行隊と並んで戦列についた。75機のシュトゥーカはドデカニソス諸島を取り囲むようにギリシャ、クレタ島、ロードス島の基地に配備された。ドイツ軍は英軍に占拠された島々を奪還する上陸作戦を計画しており、その作戦の支援に当たることと、この水域での英軍の補給・増援の船舶を攻撃することがシュトゥーカ隊の任務とされた。

上陸作戦の最初の目標はコス島だった。この島には英国空軍の仮設の滑走路があり、少数のスピットファイアが送り込まれていた。しかし、上陸作戦準備の航空攻撃が始まると、この小部隊はすぐに撃破され、10月30日にドイツ軍の上陸部隊がコス島に接近した時、キプロス島基地のボーファイターが妨害を試みただけだった。この重戦の部隊はStG3の「ドーラ」2機撃墜を報告したが、この戦闘で5機を喪った。「ドーラ」は上陸地点の周辺の道路を監視し、何か敵軍の動きがあれば爆撃と機銃掃射で攻撃した。このため、ドイツ軍はほとんど抵抗を受けずに上陸することができ、島全体に急速に展開し、その後、「ドーラ」は地上部隊の支援に専念した。コス島の連合軍兵力は英軍600名とイタリア軍2500名であり、24時間後に降伏した。

コス島（および、この周辺で唯一の航空支援の基地となる滑走路）がドイツ軍の手に落ちたにもかかわらず、英軍はほかの島々の占拠を続け、補給を継続した。それから5週間にわたり、点々と連なる島々に沿って小規模ながら激烈な海空戦が発生した。多くの戦闘の主役は沿岸用の小型艇だったが、英国海軍は2年以上も前のクレタ島攻防戦の再演のように、巡洋艦と駆逐艦の小規模な任務部隊」を夜の闇に隠れて艦砲射撃のために侵入させることもあった。10月7日、作戦後に引き揚げる途中の任務部隊をI/StG3の18機の「ドーラ」がロードス島の南西のカルパトス海峡で発

このJu87Rは、そのような不可解な点はまったくない。画面手前にはDFS230グライダーがいて、Ju87の尾輪の後方には曳航索フックがはっきり見え、この機がII./LLG1のグライダー曳航機であることは明らかである。

見した。この編隊は軽巡洋艦ペネロピ(5270トン)に大きな損害を与えた。この艦は地中海艦隊の古顔で、破口が方々に開く損傷をたびたび受けたので「英国軍艦ペッパーポット」(胡椒ポット)というニックネームで呼ばれていた。この回も何とか自力で航行してアレクサンドリアにたどりつくことができたが、その後3週間は行動不能の状態が続いた。

この「任務部隊」がアレクサンドリアに帰投する前に、別の部隊がエーゲ海に向かって航行していた。ペネロピを撃破してから48時間後、I./StG3の可動状態の「ドーラ」全機、26機がこの新たな目標を攻撃するために出撃した。この時には、この任務部隊も帰途についており、ロードス島とカルパトス島の間を南に向かって航行していた。まず1540トンの駆逐艦パンサーがほぼ同時に直撃弾2発と至近弾数発を浴び、船体が中部で折れ、前後半分ずつに分かれて沈没した。

シュトゥーカの大半は敵の部隊の最大の艦に攻撃を集中した。狙われたのは艦齢の高い防空巡洋艦カーライル(4290トン。転用された旧式軽巡。トブルク沖でIII./StG3によって撃沈されたコヴェントリーの準姉妹艦)である。この艦は直撃弾4発と至近弾2発を浴びせられ、水線下に重大な損傷が発生した。航行不能に陥ったカーライルは曳航されてアレクサンドリアに帰還したが、大戦の最後まで軍港内の定置艦として過ごすことになった。

しかし、この戦闘では「ドーラ」の側にも損害が発生した。艦艇攻撃の途中で米軍のP-38ライトニングの編隊——リビアのトブルク周辺のガムブト飛行場から出撃し、地中海を越えてこの空域に進出してきた——に襲われたのである。攻撃の順番を待っていたシュトゥーカは大あわてで爆弾を投棄し、ほかの機とともに近くのロードス島に向かって脱出しようと試みた。しかし、そこまで逃げ切る前に、米軍の戦闘機はJu87 16機を撃墜したと報告している——そのうちの7機は飛行隊長ひとりとの戦果とされている(詳細については『Osprey Aircraft of the Aces 19——P-38 Lightning Aces of the ETO/MTO』を参照)。実際に帰還しなかった急降下爆撃機は8機だった。

StG3にとって幸いなことに、ドデカニソス諸島空域へのP-38の侵入は長くは続かなかった。時たま姿を現すボーファイター以外に彼らを妨げるものはなく、StG3は次の任務に全力を集中した。それは上陸作戦の次の目標、レロス島の防御体制を制圧する任務だった。この時期にドイツ空軍は急降下爆撃航空団全体の呼称変更を実施した。ほかのすべての地上攻撃機シュトゥーカゲシュヴァーダーの部隊と統合して新たな地上攻撃機隊に再編したのである。このため、10月シュラハト30日に英国海軍の軽巡洋艦オーロラ(3750トン)——この水域で「ドーラ」が発見して損傷を与えた3隻目の巡洋艦——を攻撃したのは第3地上攻撃航空団シュラハトゲシュヴァーダー第I飛行隊(I./SG3)という新名称になったI./StG3だった。

レロス上陸作戦は11月12日に開始された。守備部隊は5日間持ちこたえたが、その間、急降下爆撃機は徹底的に攻撃を加えた。この島の砲座はほぼ全部、破壊、またはそれに近い損害を受け、それを達成した後に、「ドーラ」は典

型的な対地上部隊支援の任務に移った。ふたつの飛行隊のJu87は常時戦場の上空を旋回し、歩兵部隊の連絡があればただちに急降下に移り、敵の抵抗線を撃破した。その結果、疲れ果てた状態で英軍の250名がやっと島から脱出して戦闘が終わった。その3日後、英軍部隊はサモス島からも撤退した。この島のイタリア軍守備部隊は、ティガニにあった彼らの基地をⅡ./SG3のシュトゥーカに爆撃されて降伏した。ドデカニソス諸島の島々のほぼ全部がドイツ軍の手に落ち、この状態は戦争終結まで変らなかった。

　この作戦で戦った英軍の指揮官たちは、与えられた兵力によって可能な限り最善を尽くして戦ったが、地理的条件──そしてドイツ空軍の攻撃──によって彼らはギリシャでの戦いに続いて再び敗れた。みじめな大敗北に終わったこの作戦を実施させるように煽り立てた張本人、ウィンストン・チャーチルは傍観的な姿勢を取り、次のように批判を述べた。「我々はクレタ島で多くの教訓を学んだはずではなかったのか？　シュトゥーカが昔の短い期間の大勝利の栄光を再現することができたのは、我々の失敗のせいではないのか？」。彼のこの姿勢を知った時、指揮官たちがどのように感じたか容易に想像できる。

　任務を見事に果し、「意気揚々」としたSG3の本部と第Ⅰ飛行隊は東部戦線にもどり、この時は第Ⅱ飛行隊も一緒に移動した。彼らの出発とともに、地中海戦域から昼間急降下爆撃任務のシュトゥーカ部隊は最終的に姿を消した。しかし、W字型主翼のユンカースを装備したドイツ空軍のいくつかの部隊は、以前のある時期にムッソリーニが誇った「我々の海（マーレ・ノストルム）」の北側の地域に配備されていた。

　長い期間にわたってイタリア本土の中に、いくつかのシュトゥーカ操縦学校と訓練機関が置かれていた。主なものはピアチェンツァ、サン・ドミアーノ、フォッジアだった。しかし、1943年5月17日に、既存の5つのシュトゥーカ航空団各々に配備されていた補充要員訓練飛行隊（エルゲンツンクスグルッペ）（英国空軍の作戦訓練部隊（オペレーショナル・トレーニング・ユニット）に相当する）を合体して、5個飛行隊編成の一本化された訓練航空団が新設された。隊の呼称は第151急降下爆撃航空団（シュトゥーカゲシュヴァーダー）（StG151）であり、司令には一時期StG3の司令だったカール・クリスト大佐が任命され、基地はクロアチアのザグレブに置かれた。クロアチアはドイツ軍の進攻作戦以来、ユーゴスラヴィアから分離・独立し、枢軸同盟の衛星国になっていた。

　StG151の配備定数はJu87 175機であり、危機の際に緊急対応するために教官を集めた実戦中隊1個が編成された。StG151の実戦中隊（1943年10月の呼称変更後、第151地上攻撃航空団第13中隊──13./SG151──になった）はバルカン半島北部でのパルチザン制圧作戦で広く活動し、ドデカニソス諸島作戦にも短期間参加した。

　1943年6月の半ば（クロアチアでStG151が新設された1カ月後）に、地中海の西端にもJu87の部隊が配備された。ドイツ空軍最古参の空挺着陸部隊、第1空地作戦航空団（ルフトランデゲシュヴァーダー）（LLG1）は東部戦線でグライダーによる補給作戦の活動を重ねた後、その年の早い時期に本国に帰還した。Ⅱ./LLG1は

1./NSGr9のJu87D夜間地上攻撃機「E8+CH」。機体全体に拡がった「スクリップル」（落書き）パターン（スプレーで不規則な線の輪郭の斑点を密度高く描く）は、この飛行隊の典型的なカモフラージュだった。

ハルバーシュタットで曳航用機を
Hs126とアヴィアB-534からJu87に
機種改変した。そして、トラウトヴァ
イン大尉を指揮官とするこの飛行隊
は、曳航機Ju87とDFS230グライダー
の組み合わせ24組の兵力をもって、
フランスの地中海岸、マルセイユに
近いエクス・レ・ミルに移動してきた。
　チュニジアでドイツ軍が降伏した
後の地中海戦域で、トラウトヴァイン
の4個中隊編成の第Ⅱ飛行隊は、
LLG1のほかの飛行隊と1./LLG2とと
もに、連合軍が次に攻撃してくる地
域——サルデーニャかシチリアの可
能性が高いと見られていた——に、
それがどこであっても、緊急な増援・
補給輸送に投入できる機動的な予
備兵力となっていた。1カ月後、米英
連合軍は侵攻作戦を開始したが、上
陸地が南フランスから遠い方の島、
シチリア島だったので、航続距離の
長くないJu87は曳航補給活動で大き
な働きをすることができなかったが、その後、トラウトヴァインの飛行隊は北イ
タリア戦線で支援任務のために出撃した。9月に入ってLLG1は北へ引き揚げ
た。ストラスブール-ポリゴンとマンハイムで冬を過ごした後、新しい飛行隊長
ハーンケ少佐に率いられたⅡ./LLG1は、1944年3月、クロアチアへの移動を命
じられた。

これもNSGr1の「ドーラ」。前のページの機と同じ塗装である。イタリアのどこかの飛行場で外周の茂みの中に散開駐機され、この日の夜の出撃を待っている。エンジンには防水布がかけられ、胴体下面の爆弾架には汎用コンテナ（＝ウニフェアザール-ベヘルター）——頭部のキャップは外されている——が装着されている。

　この飛行隊はザグレブに近いヅィエルクリとクラリェヴォを基地として、この
地域のパルチザン制圧作戦の支援に当たった。この一連の作戦の最高潮は5
月25日の「桂馬跳び」作戦だった。ドイツ軍情報部はチトー元帥のユーゴスラ
ヴィア人民解放軍司令部の位置を探知した。ダルマチア地方の海岸、スプリ
ット港から100kmほど内陸に入ったドヴァルの町の後方の山地、標高の高い地
点にあり、それを攻撃する野心的な空地協同行動がこの作戦である。SS（親
衛隊）の空挺部隊空輸の第一波にはⅡ./LLG1のJu87およびDFS230のコンビネ
ーション8組と、第1曳航飛行隊第2中隊（曳航飛行隊はグライダー曳航専門の
部隊であり、第2中隊はHe45からJu87に装備改変したばかりだった）の同じコン
ビ3組が参加した。13./SG151のシュトゥーカもこの作戦に出撃した。
　この奇襲攻撃はパルチザンに物的な損害を与えたが、チトーと彼の側近
の者たちには逃げられた。「桂馬跳び」作戦の後、第1曳航飛行隊第2中隊は
バルカン諸国北部での空輸任務にもどり、11月に本土に引き揚げるまで戦
った。しかし、Ⅱ./LLG1の方は失敗に終わったチトー捕獲作戦の後、グライダ
ー曳航任務にはもどらなかった。クラリェヴォとモスタルを基地として、純粋
な対パルチザン攻撃行動に転じたのである。そして、1944年9月には部隊の
呼称が第10夜間地上攻撃飛行隊（NSGr10）に変更され、任務の変更が公式
に示された。

NSGr10の2個中隊はスコプリエを基地として（13./SG151は少し前にこの基地でFw190に機種改変を完了していた）、バルカン諸国の北部からハンガリーの一部にわたる地域でJu87による対パルチザン夜間地上攻撃を行なっていたが、1944年の末に第4航空艦隊の指揮下に移り、東部戦線自体に移動した。

　米英連合軍もイタリア戦線で大戦終結までの12カ月にわたって別の部隊のJu87による夜間攪乱攻撃（ナイト・ハラスメント）を受けた。1943年10月、Fw58「軽双発機」を装備してロシア戦線の北部で戦っていたNSGr3から、経験の高い10組の乗員が引き抜かれてスロヴァキアのシュトゥベンドルフに移動し、イタリア製で似たようなサイズの双発機、カプロニCa.314に機種転換した。そして、新編されたNSGr9の第1中隊となってイタリア北部に配備され、間もなくフィアットCR42複葉戦闘機を装備している2./NSGr9も配備された。これらのイタリア製機は両方とも全面的に任務に適合していないので、1944年の春の初めにJu87Dへの機種改変が開始された。そのための「ドーラ」は、近隣のクロアチアに基地をもつSG151から比較的余裕のあるストックを割いて供給された。

　最初は1./NSGr9だけが装備転換し、この中隊の「ドーラ」は3月の末にローマの南方、アンツィオ橋頭堡上空に姿を現した。対空砲部隊は何機もの撃墜を報告したが、実際に最初の1機が連合軍の戦線内に撃墜されたのは4月15/16日の夜になってからである。5月の末近くに、東部戦線中部のブドスラヴからJu87装備の2./NSGr2がイタリアに移動してきて合同し、NSGr9は標準的な3個中隊編制になった。この新入りの中隊はすぐに3./NSGr9に呼称変更された。2./NSGr9はフィアットからの転換を始め、NSGr9は間もなく全体が「ドーラ」装備になった。夜間地上攻撃用の「ドーラ」は排気管をカバーする大きな消焔チューブが装着され、夜間飛行用の特殊な装置も装備されていた（後にはエゴン誘導システムも装備された）。

　この時期には、1月末から4カ月以上もアンツィオ橋頭堡に抑え込まれていた連合軍部隊は何とかドイツ軍の防御線を一部で突破し、イタリア南部から北上を図る主力部隊と連携していた。その後の1年ほどの間、連合軍はじりじりとアルプス山地とオーストリア国境に向かって前進を続け、NSGr9はわずかな兵力ながらそれに挑戦し続けた。3つの中隊は広い間隔で離れた基地に分散し、通常はおのおの独立して作戦行動を取り、西海岸を前進する米軍の第5軍と東海岸を北進する英軍の第8軍の両方を攻撃した。どの中隊も可動機数

地中海戦域のシュトゥーカの長い道程の最終地。北イタリアから脱出してきた部隊の1機──この機も汎用コンテナを装着している──がオーストリアのアルプス山地の壊れかかった納屋に半ば隠れた状態で放置されている。

が二桁台になることはめったになく、乗員の努力によって機数不足を補った。視程が良好になる満月前後の夜には、何度も出撃を重ねたのである。

　目標は連合軍の飛行場、部隊集結地、補給物資集積所、砲兵陣地、輸送車両隊列などだった。NSGr9の各中隊はパルチザンのグループを攻撃するために、基地に近い地域にも出撃した。その中でみなの記憶に残る珍事もあった。飛行場のモーター・プールからトラック1両が盗まれ、それを追跡するために「ドーラ」1機が飛んだのである。

　11月25日、飛行隊長ルペルト・フロスト少佐に騎士十字章が授与された。夜間攻撃機パイロットとして初の受勲だった。しかし、その一方でNSGr9の乗員の損耗は増大して行った。その原因は砂漠で戦った先輩たち以来お馴染みのものだった。増大する敵の戦闘機の攻撃(NSGr9の場合、主な脅威はレーダーを装備したボーファイター夜戦だった)、対空砲火、そして彼らの基地に対する連合軍の爆撃である。

　1944年の末にはドイツ軍はイタリア北部に追い込まれ、この飛行隊全体の兵力は「ドーラ」12機にまでに減少していた。その前の数週間にわたって攻撃した目標はもちろん、敵に占領された飛行場だったのだが、それは1ヵ月前までは彼らの基地だった所であり、4年前には空母イラストリアスを攻撃するためにイタリア半島を南下して行ったI./StG1とII./StG2が、中継地として着陸した所だった。

　1945年の早い時期、NSGr9の保有機数は再び増加したが、燃料不足のためJu87は飛ぶ機会が少なくなった。2月に入って、第1中隊はFw190Fへの機種転換に入った。第2中隊と第3中隊は十分な作戦能力をもたない状態になっており、3月一杯から4月にかけて断続的に出撃するだけだった。しかし、敗戦は目の前に迫っていた。4月27日、飛行可能な「ドーラ」13機はイタリアからオーストリアへ撤退した。彼らは最後にアルプスの牧場に着陸した。そこは緑があふれていて、リビアのむき出しの砂漠の荒地とは対照的だった。「地中海戦線のシュトゥーカ隊」は4年以上の期間にわたり、戦線と部隊と隊員は次々に変ったが、戦いながら移動し、ここで終局を迎えたのである。

付録
appendices

Ju87の部隊配備一覧

■ 1941年4月5日　バルカン

■ ドイツ空軍

第4航空艦隊（オーストリア ウィーン）

	指揮官	基地	機種	保有機数/可動機数
第VIII航空軍団（ブルガリア ゴルナ・ドジュマジャ）				
Stab StG2	オスカー・ディノルト少佐	ベリカ-ノルト	Ju87B	4/4
I./StG2	フベルトゥス・ミシュホルト大尉	ベリカ-ノルト	Ju87B	30/30
			Ju87R	9/9
III./StG2	エルンスト-ジークフリート・シュテーン大尉	ベリカ-ノルト	Ju87B	38/35
I./StG1	パウル-ヴェルナー・ホッツェル少佐	クライニキ	Ju87R	24/23
I./StG3	ヴァルター・ジーゲル少佐	ベリカ-ノルト	Ju87B	30/30
			Ju87R	9/9
グラーツ空軍部隊指揮官（オーストリア グラーツ）				
Stab StG3	カール・クリスト中佐	グラーツ-タレルホフ	Ju87B	3/1
II./StG77	アルフォンス・オルトファー大尉	グラーツ-タレルホフ	Ju87B	39/34
アラド空軍部隊指揮官（ルーマニア アラド）				
Stab StG77	クレーメンス・グラース-フォン-シェーンボルン-ヴィーゼンタイト中佐	アラド	Ju87B	3/1
I./StG77	ヘルムート・ブルック大尉	アラド	Ju87B	39/33
III./StG77	ヘルムート・ボーデ少佐	アラド	Ju87B	40/32

■ イタリア空軍

第4航空艦隊（イタリア バリ）

	指揮官	基地	機種	保有機数
第97独立急降下爆撃飛行隊（第209中隊、第239中隊）	アントニオ・モスカテリ中佐	レッチェ	Ju87B	20

在アルバニア空軍部隊司令部（ティラナ）

	指揮官	基地	機種	保有機数
第101独立急降下爆撃飛行隊（第208中隊、第238中隊）	ジュゼッペ・ドナディオ少佐	ティラナ	Ju87B	20

地中海戦域シュトゥーカパイロットの騎士十字章受勲者

■騎士十字章・柏葉飾り

日付	氏名・階級	職位・所属部隊	備考
1942年9月2日	ヴァルター・ジーゲル中佐	GesK StG3	KAS　1944年5月8日

■騎士十字章

日付	氏名・階級	職位・所属部隊	備考
1941年6月14日	ルードルフ・ブラウン少尉	1./StG3	S
1941年6月14日	アルミン・ティエーデ少尉	8./StG2	KAS　1943年7月9日
1941年6月24日	ヘルムート・ナウマン中尉	StaKa 3.StG3	S
1941年7月5日	ハインリヒ・エッペン中尉	StaKa 1.StG3	KiA　1942年6月4日
1941年7月5日	ヨーゼフ・ヴェニヒマン曹長	2.StG/3	KiA　1942年7月3日
1942年7月15日	クルト・クールマイ大尉	GpK II./StG3	S
1942年9月3日	ベルンハルト・ハメシュター大尉	StaKa 8./StG3	KiA　1945年4月22日
1942年9月3日	マルティーン・モスドルフ大尉	GpK I./StG3	PoW　1942年11月11日
1942年9月19日	ハンス・フォン-バルゲン中尉	I./StG3	KiA　1944年7月6日
1942年9月24日	ヘルベルト・シュトリー中尉	StaKa 6./StG3	KiA　1943年9月21日
1943年2月3日	ジークフリート・ゲベル中尉	III./StG3	PoW　1945年3月19日
1943年5月18日	エルハルト・ヤーネルト少尉	III./StG3	S
1943年5月18日*	クルト・ヴァルター大尉	GpK III./StGIII	KiA　1942年10月26日
1944年2月29日*	カール・ハガー軍曹	SG151	KAS　1944年2月4日
1944年11月25日	ルペルト・フロスト少佐	GvK NSGr9	S

*死後受勲

略号説明

GesK	＝航空団司令
GpK	＝飛行隊長
StaKa	＝中隊長
KiA	＝戦死
KAS	＝軍務中に死亡(戦死以外)
PoW	＝捕虜
S	＝終戦まで生存

注記：騎士十字章受勲の理由がバルカン作戦やクレタ島作戦の戦功であると広く知られてはいても、実際の授与の時期が東部戦線に移動した後になった人は少なくない。この表には、これらの人々は含まれていない。

カラー塗装図 解説
colour plates

1
Ju87R-2 「A5+HH」 1941年4月 ブルガリア クライニキ
第1急降下爆撃航空団第1中隊
I./StG1はユーゴスラヴィア・ギリシャ侵攻作戦開始の直前、StG2を補強するため、北アフリカから急遽ブルガリアに移動したが、マリタ作戦の戦域の黄色の標識の塗装は何とか間に合わせることができた。しかし、この「HH」は尾部全体（方向舵だけではなく）を黄色に塗っている点が普通の機と違っている。おそらく編隊長機なのだろう。カウリングに描かれた第I飛行隊のマーク――19世紀に流行った漫画の鳥、「ハンス・フッケバイン」を模様化した図柄――に注目されたい。

2
Ju87R-2 「A5+JH」 1941年2月 リビア
第1急降下爆撃航空団第1中隊
上の段の「HH」の僚機であるこの機は、北アフリカ戦線に到着して間もない頃の状態で、ヨーロッパ北部のブラックグリーン／ダークグリーン（RLM70/71）の塗装のままである。新しい作戦地域に移動してきたことを示すのは、胴体の国籍マークとほぼ重なった白いバンド――白はドイツ空軍がイタリア空軍に合わせるために採用した――が加えられた点だけである。「JH」も「ハンス・フッケバイン」のマークをつけているが、急降下爆撃機部隊のマークにはふさわしくなく、この鳥は水平姿勢で飛んでいる。

3
Ju87B-2 trop 「A5+MK」 1941年10月 リビア デルナ
第1急降下爆撃航空団第2中隊
I./StG1はバルカン諸国での短い期間の作戦の後、北アフリカに帰り、この戦域での戦いが敗戦で終わるまで戦った（途中でII./StG3と改称された）。「MK」は全体がタン（RLM79）の塗装になり、この飛行隊が砂漠戦線での戦いに全面的に適応していることを外観にも示している。この戦域の部隊の白いバンドの位置は国籍マークの後方に変わった。方々で活躍してきた「ハンス」は一時休暇を与えられたようで、姿を消している。機体の塗り変えの時に、誰かがうっかりして塗りつぶし、そのままにされたのかもしれない。

4
Ju87B-2 trop 「A5+FL」 1941年11月 リビア ガンブト
第1急降下爆撃航空団第3中隊
この第3中隊の「FL」は広く用いられた手法――少なくとも初期のうちは――によってカモフラージュ塗装されている。全体のタン（RLM79）の塗装の上にブラウンがかった緑（RLM80）の大き目の斑点を間隔狭く塗り加えるパターンである。この戦域の味方標識の白いバンドは消えている（スピナーの先端の白は第I飛行隊の標識と思われる）。部隊のマーク、「ハンス」はカウリングに再び姿を現したが、斑点の間で目立たなくなっており、個機記号、黄色の「F」もタン塗装の上では目立たなくなっている。

5
Ju87R-2 「J9+AB」 1941年2月 シチリア コミソ
第1急降下爆撃航空団第III飛行隊
III./StG1は1940年7月にI.(St)/TrGr186から改称されたのだが、その後も元の飛行隊コード「J9」を使い続けた。この部隊では特例的に機体コード「AB」は第III飛行隊長機ということになっていた。マールケ大尉が隊長に昇進する前から「AB」に乗っていたためである。「翼がついている兜と錨」の部隊マークに注目されたい。しかし、それ以上に重要なのは脚柱カバーとスパッツの後方半分の黄色塗装である。これは英国本土航空戦の間にマールケが考案して導入したもので、急降下爆撃の後で編隊が再集合する時に自隊の機を識別しやすくすることが目的である。再集合を忘れて飛び廻っていたパイロットは、再集合の命令を思い出すと真っ青になった。隊長機を追い抜けて飛び、誰よりも前に着陸せねばならない……遅れて帰って、命令違反がバレたら、すぐに査問を受けることになる！

6
Ju87R-2 「T6+AD」 1941年4月 ブルガリア
ベリカ－ノルト 第2急降下爆撃航空団本部
オスカー・ディノルト少佐の本部小隊のシュトゥーカ4機がブルガリアに到着した時、どの機もマリタ作戦参加機の黄色の識別マーキングをつけていなかった。地上要員がすぐにその作業を済ませたが、カウリングはパネルを境にして黄色塗装したようである。本部小隊のマーク――チュートン騎士団の十字模様の盾――がはっきりと見える。

7
Ju87R-2 trop 「T6+HM」 1941年3月頃 リビア
第2急降下爆撃航空団第4中隊
早い時期に北アフリカに進出した他の部隊と同様に、II./StG2の機はヨーロッパの標準の塗装、ブラックグリーンとダークグリーン（70/71）塗り分けのカモフラージュだった。塗装図2の「A5+JH」とは異って、初めのうちはこの戦域の味方識別の白いバンドのような目立った点はなかった（スピナー先端の白塗装は飛行隊の中での中隊の識別マーキングだといわれている）。砂漠での作戦行動が始まるとすぐに、第4中隊はそれまでの部隊マーク、四つ葉のクローバー（本シリーズ第22巻『ユンカースJu87シュトゥーカ 1937-1941』を参照）を、もっとこの戦域にふさわしいマーク、椰子の樹と空軍の鷲とカギ十字が重なっている図柄に変えた。しかし、このマークはカウリングの右舷側だけに描かれていた（45頁下段の写真を参照）

8
Ju87B-2 trop 「T6+AM」 1941年6月 リビア トゥミミ
第2急降下爆撃航空団第4中隊
II./StG2の機は、I./StG2と同様に早い時期に機体全体がタン（RLM79）に塗り変えられた（この色に塗装された機が補給されたのかもしれない）。しかし、第I飛行隊が密度高くグリーン系の斑点を塗り加えたのとは違って、第II飛行隊は上方から見た機体の輪郭をぼやかすことが必要だと考え、ふた通りのパターンのいずれかによってカモフラージュ塗装を加えた。この塗装例の「AM」――中隊長の乗機と思われる――は、そのパターンの一方の例である。不規則な形のブラウンがかったグリーン（RLM80）の大きな斑点が、広い間隔で点々と描かれている。

9
Ju87B-2 trop 「T6+DM」 1941年10月 リビア ガンブト
第2急降下爆撃航空団第4中隊
ひとつ前の機、「AM」とほとんど同じだが、この「DM」は砂漠戦線の

厳しい環境が機体に与えた影響——隊員にも同様だったが——を示している。全体に薄汚れた感じになっているだけでなく、強い日光により塗料の色が急速に褪せ、RLM79と80の境目がはっきりしなくなっている。これによってカモフラージュとしての効果が高くなったと見てもよい。

10
Ju87B-2 「T6+IN」 1941年7月頃 リビア トゥミミ
第2急降下爆撃航空団第5中隊

II./StG2の2色塗り分けカモフラージュのふたつ目のパターンの例が、この「IN」である。全体のタン塗装に、ブラウンがかった緑色で、縁どりがはっきりした不規則な形の幅広バンドを塗り加えている(ヨーロッパ標準のRLM70/71塗装に、RLM79のタンのバンドを塗り加えたと表現される場合もある)。スピナーの先端はこの中隊を示す赤であり、胴体の国籍標識の後方の機体記号、「I」も赤で書かれ、これはスパッツの前部にも書かれている。

11
Ju87R-2 trop 「T6+CP」 1941年7月 リビア トゥミミ
第2急降下爆撃航空団第6中隊

この「CP」のように特異な塗装——砂漠戦線のシュトゥーカ全体の中で最もカラフルだった——の場合は、カモフラージュの重要性はきわめて低くなる。この胴体全体に拡がった赤い大蛇のモティーフを描いた機は少なくとも2機あったが、それが同じパイロット——フーベルト・ペルツ少尉——の乗機であったのか、それとも短い期間だけの中隊(または小隊)のデコレーションであったのかは不明である。もし前者であるのならば、これはペルツの個性主張の現れだろう。彼はその個性を発揮して東部戦線で活躍し、1944年11月に大尉への進級、I./StG151飛行隊長への昇進とともに騎士十字章・柏葉飾りを授与され、終戦まで戦い続けた。

12
Ju87R-2 「T6+AD」 1941年4月 ブルガリア ベリカ-ノルト
第2急降下爆撃航空団第III飛行隊本部

この「AD」はマリタ作戦の時期のIII./StG2飛行隊長ハインリヒ・ブリュッカー大尉の乗機だが、この戦域の機の中には例外的に黄色の味方識別マーキングをつけていない機もあったことを示している。ユーゴ侵攻作戦の6日目、1941年4月11日、ブリュッカーが操縦する「AD」はクライニキ飛行場着陸の際に「逆立ち」状態で停止した。第III飛行隊のマーク、「大司教の十字」(=パトリアルヘンクロイツ)(横棒2本の十字)に注目されたい。「ハイン」・ブリュッカーは地中海戦域での戦功に対して騎士十字章を受けたのだが、授与されたのは東部戦線に移動した2日後だった。彼は後にJV44に参加し、終戦までMe262に乗って戦った。

13
Ju87R-2 「2F+CA」 1941年8月 リビア ガンブト
第3急降下爆撃航空団本部

このタン(RLM79)/ブラウンがかったグリーン(RLM80)のカモフラージュの機の胴体には部隊コード「2F」と、StG3本部の砂漠作戦初期の部隊マーク(椰子の樹と回教寺院とその尖塔の図柄)が描かれている。以前から、この機の所属部隊の判定にはいくつもの見方が錯綜していた。部隊コード「2F」は異なった時期にいくつもの部隊に割り当てられていたためである。StG3本部自体、ほかの3つの型の機——Bf110、Do17、He111——にも、「2F」コードをつけて北アフリカで使用したので、混乱の原因となった。

14
Ju87D 「S7+AA」 1942年10月 エジプト シワ・オアシス
第3急降下爆撃航空団本部

ヴァルター・ジーゲル中佐のStG3は1942年1月に、半独立的部隊だったI./StG1とII./StG2を正式に組織に編入し、II./StG3、III./StG3と改称した。この時点より前、これらの部隊が使用していたコードは4種類(「2F」、「S1」、「A5」、「T6」)あったが、全部の部隊コードが「S7」に統一された。この側面図はエル・アラメイン会戦の時期のジーゲル司令の「ドーラ」である。スピナーの先端と国籍標識の後方の個機記号「A」は団本部を示すブルー、塗装は標準通りである。

15
Ju87R-2 「S7+AB」 1942年5月 リビア トゥミミ
第3急降下爆撃航空団第I飛行隊本部

個機記号「A」とスピナー先端は飛行隊本部の色、グリーンである。この側面図の機——製造番号6146——は飛行隊長、騎士十字章受勲者、ハインリヒ・エッペン大尉が、1942年6月4日にビール・ハケイム上空で南アフリカ空軍のトマホークに撃墜された時の乗機であるといわれている。

16
Ju87B-2 trop 「S7+BB」 1942年3月頃 リビア デルナ
第3急降下爆撃航空団第I飛行隊本部

この第I飛行隊本部小隊の機は斑点の密度がやや高いが、ひとつの点を除いては完全に標準通りの塗装・マーキングである。その通常外れの点は胴体コードの前方に描かれた戦闘機隊スタイルのシェヴロン——役職者の乗機を示すもので、この場合は飛行隊副官だったと思われる——である。これは戦闘機隊以外では滅多に見られないマーキングである。国籍標識の前の部隊コードの「7」が窮屈そうに描かれている。これは第I飛行隊の以前のコード「S1」を塗り潰し、その跡に詰め込んで描いたためである。

17
Ju87B-2 「S1+AH」 1941年4月 ブルガリア ベリカ-ノルト
第3急降下爆撃航空団第1中隊

これはバルカン諸国侵攻作戦の際の1./StG3中隊長の乗機である。部隊コードはI./StG3のオリジナルの「S1」である。この飛行隊はマリタ作戦参加部隊に指示された機首と尾部の黄色の見方識別塗装をしていなかった(塗装図12のように、ほかに同様の部隊があった)。その代わりにこの隊は胴体後部に幅の狭い黄色のバンドを塗装し、その後ろの部分は垂直尾翼の前縁の頂部にまで延びている。

18
Ju87B-2 trop 「S7+IH」 1942年9月 エジプト エル・ダバ
第3急降下爆撃航空団第1中隊

時期はI./StG1が正式にII./StG3と改称されてから8カ月後なのだが、このくたびれ切った「ベルタ」(B型の愛称)は以前の部隊コードの跡をはっきり残している。I./StG1の部隊コード「A5」を塗り潰し、その上に素人っぽく「S7」を描いたことが見て取れる。しかし、胴体コードの後半の2字は描き直されていないままなので、疑問が起きる。この機は胴体の4文字コードの意味通りに1./StG3所属なのだろうか、それとも「新しい」第II飛行隊(第4～6中隊で構成される)の1番目の中隊、つまり4./StG3の所属なのだろうか(4文字コードの末尾の「H」は第1中隊のコード)という疑問である。

19
Ju87R-2 「S1+EK」 1941年3月 シチリア トラーパニ

第3急降下爆撃航空団第2中隊
第I飛行隊はバルカン諸国侵攻作戦に参加するためにブルガリアに移動したが、その前の1941年春の短い期間、シチリア島に配備されていた。この第2中隊の「EK」はその時期の状態である。ヨーロッパ戦線の標準、RLM70/71の2色迷彩塗装であり、疑問点はほとんどない。ただひとつ、わずかに通常のパターンから外れているのは、スピナー先端が正しい第2中隊のカラーの赤であって、個機記号「E」の縁どりも赤であるべきなのだが、それが白い線で縁どりされている点である。

20
Ju87B-2 trop 「S1+GL」 1941年11月 リビア アクロマ
第3急降下爆撃航空団第3中隊
砂漠戦線に移動した後も、I./StG3の機の奇妙な塗装・マーキングがいくつかあった。この「GL」は、第3中隊に数機の例がある「滅茶苦茶な敷石並べ」(=クレイジー・ペイビング)タイプの独特なパターンの迷彩塗装である。ご注目いただきたいのは、この機のカウリングの「ハンス・フッケバイン」マークである。3./StG3は損失補充のために元I./StG1の機を受領していたのだろうか、それとも後者が正式にStG3に編入される2カ月前から部隊コード「S1」を胴体に描いていたのだろうか？

21
Ju87B-2 trop 「S7+HL」 1942年9月 エジプト エル・ダバ
第3急降下爆撃航空団第3中隊
この第3中隊の「HL」は元々タンの地にブラウンがかったグリーンの斑点を間隔広く塗ったカモフラージュであり、その上に一段と黒味の強いグリーンの大き目の斑点がいくつか塗り加えられた。国籍標識の後方の2文字「HL」はこの時に一度塗りつぶされ、その後に描き直されたことが分かる。味方識別の白いバンドが国籍標識の前に置かれている。これは普通のパターンから外れているが、特に珍しいものではない。時期はエル・アラメイン会戦の1カ月前、エル・ダバは会戦の戦線の西40kmほどの位置だった。

22
Ju87D 「S7+CL」 1942年11月 リビア ガンブト
第3急降下爆撃航空団第3中隊
エル・アラメイン会戦直後の時期のこの「ドーラ」、「CL」は、完全に標準通りのタン(RLM79)の塗装であり、I./StG3のマーキングがやっと統一的になったことを示している。そのすぐ後、第I飛行隊は戦力回復のために後方へ移動した。スピナー先端と個機記号「C」は中隊カラーの黄色である。カウリングには白い字で機名らしい「Inge」が小さく書かれている。

23
Ju87R-2 「S7+EM」 1942年5月 リビア トゥミミ
第3急降下爆撃航空団第4中隊
タン(RLM79)の地にブラウンがかったグリーン(RLM80)のぼかした斑点を塗った迷彩の第4中隊の「EM」は、長期間の戦いで「くたびれ切った」機の標本のようである。これから間もなく、第II飛行隊はJu87Dに機種改変された。この機は個機記号「E」を翼下面の先端近くにもつけている。増槽タンクの装架に破片爆弾のクラスターを搭載していることに注目されたい。

24
Ju87R-2 「S7+DN」 1942年3月 リビア デルナ
第3急降下爆撃航空団第5中隊
この第5中隊の「DN」はタンの地色と薄くぼかしたグリーンの線状の斑点のカモフラージュ塗装であり、ひとつ前の側面図23より数週間早い時期だが、同様にくたびれ切った状態になっている。この戦域の味方識別の白いバンドが4文字コードの後ろにあり、幅が狭いことが標準外れである。部隊コードの中の「7」は横幅が狭く、明らかに手描きされている。これはI./StG1がII./StG3と改称されるより前に、一部の機が部隊コード「S1」をつけていて、それが描き直されたためではないだろうか？

25
Ju87D 「S7+EP」 1942年12月 チュニジア エル・アウィーナ
第3急降下爆撃航空団第6中隊
チュニジア作戦の初期の第II飛行隊のJu87の代表的な例である。この「EP」はRLM70/71のヨーロッパ・スタイルのカモフラージュにもどり、この戦域の白いバンドは胴体後部に残している。左翼先端下面の「M」は作戦部隊機の4文字コード(=フェールバンヅケンツァイヒェン)の一部ではなく、製造時登録記号(=シュタムケンツァイヒェン。Ju87は他の型より、このアルファベット4文字のコードを翼下面に残している例が多かった)の一部である。カウリングには鳥の「ハンス」が再び姿を現している。部隊の歴史は忘れ去られてはいなかったのだ！

26
Ju87D 「S7+KR」 1942年12月頃 リビア
第3急降下爆撃航空団第7中隊
リビアを西に向かって横断するアフリカ軍団の最後の退却行動の支援のために、第III飛行隊は砂漠戦線ではまったく不適切なダークグリーン／ブラックグリーンの塗装の「ドーラ」で戦った(おそらく、この戦域用の迷彩に塗り変える余裕がなかったためだろう)。7./StG3では、個機記号と中隊記号(この機では「KR」)の文字を、胴体の右舷側では(国籍標識の右隣の位置に)白で描いた機が多かった。模型愛好家の方々は憶えておいて頂きたい。

27
Ju87B-2 「S2+AB」 1941年5月 ギリシャ アルゴス
第77急降下爆撃航空団第I飛行隊本部
この図は第I飛行隊長ヘルムート・ブルック大尉の乗機。この機も含めてI./StG77のJu87はマリタ作戦の味方識・マーキング、機首と方向舵の黄色塗装を輝かせたまま、クレタ島侵攻作戦に参加するためにユーゴスラヴィアからギリシャ南部に移動した。この飛行隊本部のマークは、StG77が標準としていた盾型の地に描かれた狼の頭であり、風防の下にその一部が見える。ブルックは後に大佐に進級し、SG151の司令の職に補された。

28
Ju87B-2 「S2+AP」 1941年4月 オーストリア グラーツ
第77急降下爆撃航空団第6中隊
機首と方向舵のマリタ作戦味方標識の黄色塗装、スピナー先端の個機記号「A」の中隊カラー黄色が並び、まるで黄色のシンフォニーである。この第6中隊の機が所属するII./StG77は、北方からユーゴスラヴィアを攻撃し、その後、クレタ島進攻作戦に参加するためにギリシャ南部のアルゴスに移動した。この中隊マークのモティーフ、突進してくる牡牛は、側面図27の機と同じ盾型の中に描かれているが、盾型の上部のギザギザより上の部分は第II飛行隊を示す赤である。

29
Ju87D 「D3+GK」 1944年6月頃 イタリア北部
第2夜間地上攻撃飛行隊第2中隊

上の段のカラフルなJu87Bときわめて対照的に、この2./NSGr2の「ドーラ」は薄暗い印象である。これはイタリアで作戦を始めるためにこの部隊が東部戦線から移動してきた時の姿である（部隊呼称は後に3./NSGr9に変更された）。この機は胴体のマーキングのほかに、方向舵に個機番号をつけている。これは東部戦線の夜間地上攻撃飛行隊の間では一般的な慣行だったが、第2中隊は地中海戦域到着後の早い時期にこの方式をやめた。

30
Ju87D 「E8+NH」 1944年5月 イタリア ボローニャ
第9夜間地上攻撃飛行隊第1中隊

2./NSGr2の機は東部戦線から移動してきたが、1./NSGr9のJu87の最初のグループは、もっと手近な場所から供給された。すぐ隣のクロアチアに配備されていたSG151から移動したものもあった。上の段の「GK」と同様に、この第1中隊の初期の機は長いチューブ型の排気焔ダンパーと20mm機関砲の消焔器を装備している。しかし、この戦域の味方識別標識、白いバンドを残しているのは、夜間攻撃機には不適切だったと思われる。

31
Ju87D 「E8+LK」 1944年9月 イタリア ゲディ
第9夜間地上攻撃飛行隊第2中隊

NSGr9の全機は間もなく、機体全体、間隔の狭い曲りくねった線が拡がる迷彩パターンの塗装に変った。その線の色はタン・ブラウン（この「LK」の例のように）、またはブルーグレーであり、これらの色が国籍標識を目立たなくするのに使われることも多かった。この機の場合、翼下面の国籍マークが青灰色で全面的に塗り潰されている。右翼下面の50kg爆弾2発には長い信管作動棒材がついている。この時期にも「ディノルトのアスパラガス」は使用されていたのである。

32
Ju87R 「H4+MM」 1943年7月 フランス南部 エクス・レ・ミル
第1空地作戦航空団第4中隊

この「MM」はブラックグリーン／ダークグリーン（RLM70/71）の標準的なカモフラージュに、この戦域の味方標識の白い胴体のバンドを加え、ごく通常の塗装・マーキングである。ただひとつ、特別な点は、尾輪の後方に取りつけられた小さな装置であり、これによってこの「MM」がグライダー曳航機であることが分かる。

33
Ju87B-2 「SH+SV」 1942年夏頃 イタリア フォッジア
第2シュトゥーカ学校

地中海戦域の白いバンドを胴体につけたこの機は、その用途をはっきり表している。車輪スパッツに描かれた白い大きな数字は、訓練機関――特に第2シュトゥーカ学校――の所属機であることを示すものだからである。この訓練学校は1941年12月にグラーツ-タレルホフから南イタリアのフォッジアに移転した。

34
Ju87B-2 1040年秋 イタリア南部 レッチェ-ガラティーナ
イタリア空軍第96飛行隊第237中隊

イタリア空軍のJu87パイロットの最初のグループはグラーフ-タレルホフ（図版33の説明を参照）で訓練を受け、帰国してから第96飛行隊として作戦行動を開始した。この飛行隊の初期の装備は元ドイツ空軍機であり、ドイツの国籍マークとカギ十字が塗り潰され、尾部に白い十字マークが新たに描かれた。しかし、まだ部隊マーキングはなく、胴体に爆弾の狙いをつけている赤い悪魔の漫画――こいつが「ピッキアテロ」（頭の少し変な男）のご先祖かもしれない――が描かれているだけである。

35
Ju87R-2 1941年4月 イタリア南部 レッチェ
イタリア空軍第97飛行隊第239中隊

イタリア空軍の2番目のJu87部隊、第97飛行隊も、最初は元ドイツ空軍のセコハンを使用していた。国籍標識などの塗り残しの跡が分かる。第97は第96と並んでレッチェで作戦行動を始め、1941年1月の初めに第96がシチリアに移動した後も、この基地でバルカン作戦終結まで戦った。上の段の第96の機とは対照的に、この機はいくつものマーキングをつけている。機首のマリタ作戦部隊の黄色バンド、翼下面の国籍標識（円の中にファッシ3本が描かれている）、スパッツ下部の部隊マーク（リングとビーズの照準器をつけ、脚の間と羽根の下に爆弾を抱えて急降下する鴨と、その目標の敵艦）、胴体の白いバンドに重ねて黒い字で書かれた中隊番号、尾部の白い十字（上下がやや短い）、垂直安定板の頂部には製造番号（7056）の下に戦果4隻の白いシルエットが描かれている！

36
Ju87R-2 シチリア トラーパニ
イタリア空軍第101飛行隊第208中隊

第101飛行隊はアルバニアのティラナを基地としてバルカン作戦に参加し、その後、シチリアに移動してマルタ島航空攻撃に当たった。この第208中隊の機はこの時期の第101の代表的な例であり、機首のマリタ作戦の黄色バンドを塗り潰したことが明らかに見て取れる。中隊番号は胴体の白バンドに重ねた黒い字ではなく、その前方に白い字で書いている。

37
Ju87D 1943年夏 サルデーニャ
イタリア空軍第103飛行隊第207中隊

第103飛行隊はイタリア空軍の中で「ドーラ」を装備したふたつの飛行隊の一方。この第207中隊の機はサルデーニャでの訓練中の状態である。この中隊は特に幅広の戦域味方標識バンドを重ねて、大きな黒字で中隊番号を書いている。その後方に個機番号「赤の12」を書いているが、これは初めてのパターンである。スピナーの先端はドイツ空軍のスタイルで中隊カラーの赤を塗り、車輪のカバーは取り外している。第103は7月に始まったシチリア島防衛戦で全滅したといわれている。

38
Ju87D 1943年9月 サルデーニャ
イタリア空軍第121飛行隊第216中隊

第121飛行隊はもうひとつの「ドーラ」装備の飛行隊である。ふたつの飛行隊はともにシチリア戦線で戦い、第103は全滅したが、第121のわずかに生き残ったJu87Dはシチリアからサルデーニャに撤退した。この第216中隊の機のマーキングは通常の様式からかなり外れている。中隊番号は胴体の白バンドの前方に白字で書かれ、その替わりにバンドの内側にローマ数字――個機番号「8」と思われる――が書かれている。

39
Ju87D　1944年夏頃　イタリア　レッチェ
イタリア空軍輸送航空団本部
イタリアが連合国に降服した後、第121飛行隊の生き残りの5機のドーラのうち2機は、連合軍と協同するイタリア空軍の輸送航空団に配属された。用途は連合軍爆撃機の機上銃手の訓練のための標的曳航機である（尾輪の後方に曳航索フックが装着されている）。蛇の目タイプの新しい国籍標識以外のマーキングは、垂直安定板に書かれた小さい文字の「NVST」（ヌクレオ・ヴォロ・ストルモ・トラスポルティ＝輸送航空団本部の頭文字）と、機番「1」と、もっと小さい字で胴体下部に書かれた空軍シリアル番号MM100410のみである。

乗員の軍装　解説
figure plates

1
第1急降下爆撃航空団第7中隊長
ハルトムート・シャイラー中尉　シチリア　コミソ　1941年2月
フランス北部から地中海戦域に移動してきたばかりのシャイラーは、ファスナーがいくつもついた大戦初期の飛行服を着て、将校用の略帽（正式の呼称はフリーガーミュッツ＝飛行帽だったが、みなの間ではシッフヘン＝小舟と呼ばれていた）を被っている。飛行服の両袖には階級を示す布のパッチが付けられている。シャイラーは地中海で戦った短い期間に駆逐艦1隻と商船4隻を撃沈し、そのほかに6隻に損傷を与える戦果をあげた。部隊が東部戦線に移動した後、1942年7月19日に戦死し、騎士十字章を死後授与された。

2
イタリア空軍第101急降下爆撃飛行隊長
ジュゼッペ・ドナディオ少佐　アルバニア　ティラナ　1941年4月
彼が着ているのはこの時期のイタリア空軍の典型的な飛行服である。ファスナーの多い飛行ジャンパーはブラウンがかったオリーヴ色で、襟には毛皮がつけられ、袖口と胴まわりはゴム編みになっている。だぶだぶの飛行ズボンの色はイタリア空軍ブルーである。彼の膝上のパッチ・ポケットは、ドイツ空軍のものと比べて、もっと角張った形で深さは浅く、襠（まち）がつけられている。彼は正規の軍帽を被り、ジャンパーの袖口には金モールの階級章がついている。

3
第1急降下爆撃航空団第Ⅲ飛行隊長
ヘルムート・マールケ大尉　リビア　デルフ　1941年4月
シャイラーの上位の指揮官であるマールケのこの服装は、Ⅲ./StG1の3個飛行隊が突然、北アフリカへ移動することになった時に作られた服装規定に従ったもので、それが間に合わせであることがはっきりと現れている。ウェストから上は初期のアフリカ軍団の服装の原型——タンの軽い上衣と太陽光線・砂塵除けのゴーグル——である。彼が空軍軍人であることを示すものは、左胸の騎士十字章の下のパイロット・バッジと、肩の金色と黄色のモールの階級章だけである——もちろん、空軍将校の正装の乗馬ズボンと長靴（いずれもこの場面には不適切なのだが）もそれを示している。マールケは戦後、西ドイツ空軍に入り、1970年に中将の階級で退役した。

4
第2急降下爆撃航空団第Ⅱ飛行隊長
ヴァルター・エネッツェルス少佐　リビア　トゥミミ　1941年夏
伝説的なシュトゥーカ指揮官、「エネック」の完全に「熱帯化」された姿であり、砂漠戦線の激戦が最高潮に至った時期に身だしなみのよいパイロットがどのような服装をしていたかを示している。庇つきの正規の軍帽には白い日覆いをかけ、半袖シャツ、ピストル・ホルスターをつけた将校用革ベルト、半ズボン、足首までのソックスとサンダルという組み合わせである。襟元の騎士十字章、右胸のドイツ空軍の鷲の三角形パッチ、左胸の急降下爆撃隊徽章に注目されたい。エネッツェルスは2年近く北アフリカ戦線で戦った後、いくつかの上級幕僚職を歴任して終戦を迎え、1971年にドイツ国内で死去した。

5
第3急降下爆撃航空団司令　ヴァルター・ジーゲル中佐
エジプト　シワ・オアシス　1942年9月
ジーゲルはエネッツェルスと同じパターンの半袖シャツを着ているが、いくつも異なった飾りをつけている。中佐の肩章、襟元の騎士十字章には新たに授与された柏葉飾りが加わり、左の胸ポケットには鉄十字章、そして右の胸にはドイツ十字章が付けられている。革ベルトとホルスターはエネックと同じものだが、それ以外は少し前に給付された砂漠用の着用品——全体の色がタンで、庇が特に長い軍帽（ゴーグルつき）、膝ポケットが左側だけのタン色の飛行ズボン、底の厚い編み上げブーツ——である。ジーゲルは砂漠戦線の指揮官としてみなに記憶されているが、彼の墓所は灼熱と砂塵の北アフリカから遠く離れ、正反対の環境の土地にある。1944年4月、ノルウェー地区空軍部隊指揮官に昇進した後、5月8日、査察飛行中に彼が乗ったシュトルヒがトロンヘイム・フィヨルドで送電線に接触して墜落し、事故死した彼はこの地区に埋葬された。最終階級は大佐。

6
第3急降下爆撃航空団第5中隊長
ヘルベルト・シュトリー中尉　リビア　マルトゥバ　1942年4月
シュトリーはⅡ./StG2で長く戦ったメンバーであり、1942年4月、マルタ島のドックで緊急修理中の英国海軍空母イラストリアスに損傷を与えたパイロットのひとりである。このイラストは5./StG3中隊長に昇進して間もない時期の姿である。彼も熱帯地用の飛行ズボンと編み上げの砂漠ブーツを履いている。彼はそれに襟の開いた軽い上衣を組み合わせて着ており、肩の階級章は初期型のカポック救命胴衣——北アフリカ作戦の間、かなり多かった洋上飛行には不可欠だった——に隠れている。その後、第6中隊長に異動したシュトリーは、1943年9月21日に戦死した。ケファリーニーア島ダヴガダのイタリア軍陣地を攻撃した時、爆弾が弾架を離れた直後に爆発し、彼の乗機は墜落したのである。

◎著者紹介 | ジョン・ウィール　John Weal

英国本土航空戦を少年時代に目撃し、ドイツ機に強い関心を抱く。英空軍の一員として1950年代末にドイツに勤務して以来、堪能なドイツ語を駆使し、旧ドイツ空軍将兵たちに直接取材を重ねてきた。後に英国の航空誌『Air Enthusiast』のスタッフ画家として数多くのイラストを発表。本シリーズではドイツ空軍に関する多数の著作があり、カラーイラストも手がける。夫人はドイツ人。

◎訳者紹介 | 手島 尚（てしまたかし）

1934年沖縄県南大東島生まれ。1957年、慶應義塾大学経済学部卒業後、日本航空に入社。1994年に退職。1960年代から航空関係の記事を執筆し、翻訳も手がける。訳書に『ドイツ空軍戦記』『最後のドイツ空軍』『西部戦線の独空軍』（以上朝日ソノラマ刊）、『ボーイング747を創った男たち』（講談社刊）、『クリムゾンスカイ』（光人社刊）、『ユンカース Ju87シュトゥーカ 1937-1941 急降下爆撃航空団の戦歴』『第2戦闘航空団 リヒトホーフェン』（大日本絵画刊）、などがある。

オスプレイ軍用機シリーズ 31

北アフリカと地中海戦線の Ju87シュトゥーカ部隊と戦歴

発行日	2003年3月10日　初版第1刷
著者	ジョン・ウィール
訳者	手島 尚
発行者	小川光二
発行所	株式会社大日本絵画 〒101-0054 東京都千代田区神田錦町1丁目7番地 電話：03-3294-7861 http://www.kaiga.co.jp
編集	株式会社アートボックス
装幀・デザイン	関口八重子
印刷/製本	大日本印刷株式会社

©1998 Osprey Publishing Limited
Printed in Japan
ISBN4-499-22798-4 C0076

Junkers Ju 87 Stukageschwader
of North Africa and the Mediterranean
John Weal

First published in Great Britain in 1998,
by Osprey Publishing Ltd, Elms Court,
Chapel Way, Botley, Oxford, OX2 9LP.
All rights reserved.
Japanese language translation
©2003 Dainippon Kaiga Co., Ltd.

ACKNOWLEDGEMENTS

Both the author and the editor would like to thank Philip Jarrett, Herrn Generalleutnant aD. Helmut Mahlke, Holger Nauroth, Dr Alfred Price, Georg Schlaug, Robert Simpson, Ulrich Weber, *Aeroplane* and Aerospace Publishing for the provision of photographs for inclusion in this volume——a belated thank you also to the late Heinz J Nowarra and Janusz Piekalkiewicz for supplying material a number of years ago. Finally, the author acknowledges that some of the Stuka crewmember's accounts quoted in these pages come from translations made by him from contemporary German records in his collection.